# 活法
## 的优化

HUOFA DE YOUHUA

**人生大学讲堂书系**
人生大学活法讲堂

拾月　主编

主　编：拾　月
副主编：王洪锋　卢丽艳
编　委：张　帅　车　坤　丁　辉
　　　　李　丹　贾宇墨

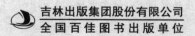

吉林出版集团股份有限公司
全国百佳图书出版单位

**图书在版编目（CIP）数据**

活法的优化 / 拾月主编. -- 长春：吉林出版集团股份有限公司, 2016.2（2022.4重印）

（人生大学讲堂书系）

ISBN 978-7-5581-0741-2

Ⅰ.①活… Ⅱ.①拾… Ⅲ.①人生哲学－青少年读物 Ⅳ.①B821-49

中国版本图书馆CIP数据核字（2016）第041336号

HUOFA DE YOUHUA

## 活法的优化

| | | |
|---|---|---|
| 主　　编 | 拾　月 | |
| 副 主 编 | 王洪锋　卢丽艳 | |
| 责任编辑 | 杨亚仙 | |
| 装帧设计 | 刘美丽 | |

出　　版　吉林出版集团股份有限公司
发　　行　吉林出版集团社科图书有限公司
地　　址　吉林省长春市南关区福祉大路5788号　邮编：130118
印　　刷　鸿鹄（唐山）印务有限公司
电　　话　0431-81629712（总编办）　0431-81629729（营销中心）
抖 音 号　吉林出版集团社科图书有限公司 37009026326

开　　本　710 mm×1000 mm　1 / 16
印　　张　12
字　　数　200 千字
版　　次　2016 年 3 月第 1 版
印　　次　2022 年 4 月第 2 次印刷

书　　号　ISBN 978-7-5581-0741-2
定　　价　36.00 元

如有印装质量问题，请与市场营销中心联系调换。0431-81629729

# "人生大学讲堂书系" 总前言

昙花一现，把耀眼的美只定格在了一瞬间，无数的努力、无数的付出只为这一个宁静的夜晚；蚕蛹在无数个黑夜中默默地等待，只为了有朝一日破茧成蝶，完成生命的飞跃。人生也一样，短暂却也耀眼。

每一个生命的诞生，都如摊开一张崭新的图画。岁月的年轮在四季的脚步中增长，生命在一呼一吸间得到升华。随着时间的推移，我们渐渐成长，对人生有了更深刻的认识：人的一生原来一直都在不停地学习。学习说话、学习走路、学习知识、学习为人处世……"活到老，学到老"远不是说说那么简单。

有梦就去追，永远不会觉得累。——假若你是一棵小草，即使没有花儿的艳丽，大树的强壮，但是你却可以为大地穿上美丽的外衣。假若你是一条无名的小溪，即使没有大海的浩瀚，大江的奔腾，但是你可以汇成浩浩荡荡的江河。人生也是如此，即使你是一个不出众的人，但只要你不断学习，坚持不懈，就一定会有流光溢彩之日。邓小平曾经说过："我没有上过大学，但我一向认为，从我出生那天起，就在上着人生这所大学。它没有毕业的一天，直到去见上帝。"

人生在世，需要目标、追求与奋斗；需要尝尽苦辣酸甜；需要在失败后汲取经验。俗话说，"不经历风雨，怎能见彩虹"，人生注定要九转曲折，没有谁的一生是一帆风顺的。生命中每一个挫折的降临，都是命运驱使你重新开始的机会，让你有朝一日苦尽甘来。每个人都曾遭受过打击与嘲讽，但人生都会有收获时节，你最终还是会奏响生命的乐章，唱出自己最美妙的歌！

正所谓，"失败是成功之母"。在漫长的成长路途中，我们都会经历无数次磨炼。但是，我们不能气馁，不能向失败认输。那样的话，就等于抛弃了自己。我们应该一往无前，怀着必胜的信念，迎接成功那一刻的辉煌……

感悟人生，我们应该懂得面对，这样人生才不会失去勇气……

感悟人生，我们应该知道乐观，这样生活才不会失去希望……

感悟人生，我们应该学会智慧，这样在社会上才不会迷失……

本套"人生大学讲堂书系"分别从"人生大学活法讲堂""人生大学名人讲堂""人生大学榜样讲堂""人生大学知识讲堂"四个方面，以人生的真知灼见去诠释人生大学这个主题的寓意和内涵，让每个人都能够读完"人生的大学"，成为一名"人生大学"的优等生，使每个人都能够创造出生命中的辉煌，让人生之花耀眼绚丽地绽放！

作为新时代的青年人，终究要登上人生大学的顶峰，打造自己的一片蓝天，像雄鹰一样展翅翱翔！

# "人生大学活法讲堂"丛书前言

　　"世事洞明皆学问，人情练达即文章。"可见，只有洞明世事、通晓人情世故，才能做好处世的大学问，才能写好人生的大文章。特别是在我们周围，已经有不少成功的人，他们以自己取得的骄人成绩向世人证明：人在生活面前从来就不是弱者，所有人都拥有着成就大事的能力和资本。他们成功的为人处世经验，是每个追求幸福生活的有志青年可以借鉴和学习的。

　　幸运不会从天而降。要想拥有快乐幸福的人生，我们就要选择最适合自己的活法，活出自己与众不同的精彩。

　　事实上，每个人在这个世界上生存，都需要选择一种活法。选择了不同的活法，也就选择了不同的人生归宿。处事方式不当，会让人在社会上处处碰壁，举步维艰；而要想出人头地，顶天立地地活着，就要懂得适时低头，通晓人情世故。有舍有得，才能享受精彩人生。

　　奉行什么样的做人准则，拥有什么样的社交圈子，说话办事的能力如何……总而言之，奉行什么样的"活法"，就有着什么样的为人处世之道，这是人生的必修课。在某种程度上，这决定着一个人生活、工作、事业等诸多方面所能达到的高度。

　　人的一生是短暂的，匆匆几十载，有时还来不及品味就已经一去不复返了。面对如此短暂的人生，我们不禁要问：幸福是什么？狄慈根说："整个人类的幸福才是自己的幸福。"穆尼尔·纳素夫说："真正的幸福只有当你真正地认识到人生的价值时，才能体会到。"不管是众人的大幸福，还是自己渺小的个人幸福，都是我们对于理想生活的一种追求。

　　要想让自己获得一个幸福的人生，首先就要掌握一些必要的为人处世经验。如何为人处世，本身就是一门学问。古往今来，但凡有所成就之人，无论其成就大小，无论其地位高低，都在为人处世方面做得非常漂亮。行走于现代社会，面对激烈的竞争，面对纷繁复杂的社会关系，只有会做人，会做事，把人做得伟岸坦荡，把事做得干净漂亮，才会跨过艰难险阻，成就美好人生。

那么，在"人生大学"面前，应该掌握哪些处世经验呢？别急，在本套丛书中你就能找到答案。面对当今竞争激烈的时代，结合个人成长过程中的现状，我们特别编写了本套丛书，目的就是帮助广大读者更好地了解为人处世之道，可以运用书中的一些经验，为自己创造更幸福的生活，追求更成功的人生。

本套丛书立足于现实，包含《生命的思索》《人生的梦想》《社会的舞台》《激荡的人生》《奋斗的辉煌》《窘境的突围》《机遇的抉择》《活法的优化》《慎独的情操》《能量的动力》十本书，从十个方面入手，通过扣人心弦的故事进行深刻剖析，全面地介绍了人在社会交往、事业、家庭等各个方面所必须了解和应当具备的为人处世经验，告诉新时代的年轻朋友们什么样的"活法"是正确的，人要怎么活才能活出精彩的自己，活出幸福的人生。

作为新时代的青年人，你应该时时翻阅此书。你可以把它看作一部现代社会青年如何灵活处世的智慧之书，也可以把它看作一部青年人追求成功和幸福的必读之书。相信本套丛书会带给你一些有益的帮助，让你在为人处世中增长技能，从而获得幸福的人生！

## 第1章　混沌而迷茫，活着究竟是为了什么?

第一节　父母成了自己生活的导演 / 2

为父母放弃的"冠军" / 2

母亲的期望 / 4

"就是我不喜欢" / 6

父亲的理解 / 7

第二节　不清楚流向的河流，融不进奔腾的大海 / 9

新生活从选定方向开始 / 9

教他该往哪走 / 10

爱丽丝和猫的对话 / 11

只要方向没错 / 12

第三节　站在迷惘的彼岸 / 13

帕霍姆情节 / 13

自我和社会的较量 / 14

失去才知珍惜 / 16

第四节　活得太累，只因心累 / 19

捡石子的商人 / 20

魔鬼的诱惑 / 21

第五节　不能只是为了活着而活着 / 24

活着的每一天都是节日 / 24

幸运的人 / 26

为谁而活? / 28

## 第 2 章　欲壑难填，你活得有安全感吗？

**第一节　买了房子你就安全了吗 / 32**

小特和小苏的故事 / 32

买房的决定 / 33

**第二节　理想 pk 安全感，谁主沉浮 / 36**

没有安全感的小马 / 36

高薪不等于职业理想 / 38

手里的水杯 / 39

**第三节　究竟是谁窃取了我们的安全感 / 40**

安全感是通过努力争取来的 / 41

用帮助传递安全感 / 43

**第四节　人生中最美好的事物，其实都是免费的 / 44**

美好时刻 / 44

人生最美好的东西 / 46

海边的美景 / 48

**第五节　怎样提高我们的安全感 / 49**

轻易获得的安全感 / 50

用成功日志来提高安全感 / 51

分析恐惧层次，找到自己的恐惧底线 / 53

面对内心最深的恐惧 / 54

## 第3章　烦恼，是我们活着的证明

第一节　内心不渴望的东西，不可能靠近自己 / 57

渴望影响一个人前进的步伐 / 57

多发出积极的信号 / 59

第二节　有得必有失，有失必有得 / 61

打翻的牛奶 / 61

麦当劳的由来 / 62

甘地的皮鞋 / 63

甑已破矣，顾之何益 / 64

第三节　拥有痛苦和烦恼的人，灵魂深邃而透彻 / 66

坦然面对痛苦 / 66

怒放自己的生命之花 / 68

第四节　接纳痛苦，只为了迎接幸福 / 71

克林顿千锤百炼终成金 / 71

苦难中成长的音乐巨匠 / 73

## 第4章　优雅淡定，只为活得从容

第一节　在喧嚣的尘世中保持心平气和 / 77

靠药治不好的病 / 77

静下心来等一下 / 79

恬淡虚无的心境 / 80

避免乐极生悲 / 81

**第二节　烦躁生气，不能解决问题 / 82**

急性子王兰田 / 83

没有耐性将一事无成 / 84

**第三节　如何坦然接受不公平 / 87**

公平靠自己来争取 / 87

获得公平的"资本" / 89

**第四节　随遇而安不是随波逐流 / 91**

随遇、随缘、随安、随喜 / 92

身处陋室，随遇而安 / 93

米勒的选择 / 94

人云亦云的八哥 / 95

## 第5章　找到自己热衷的职业，活得精彩

**第一节　工作就像谈恋爱，真爱总要多转几圈才来 / 99**

絮儿的原则 / 99

中一张彩票 / 100

不尝试是最大的冒险 / 101

**第二节　这世上不存在完美的职业规划 / 103**

规划的真实意义 / 103

怎样进行合理的规划 / 107

**第三节　高职高薪的背后也有苦楚 / 109**

啊……那是广告 / 109

职业的艺术照 / 111

**第四节　不投简历也能顺利入职的方法 / 113**

职业访谈 / 113

给名人写信 / 114

参加培训班学习 / 116

成为一个自由职业者 / 117

**第五节　怎样选择职业才不会后悔 / 117**

柏拉图的问题 / 117

100 位公主的彩礼 / 118


# 第6章　活着，不是为了复制别人的成功


**第一节　如果 13 亿人都在追求成功 / 125**

炼金术士的梦想 / 125

坚持不等于成功 / 126

**第二节　"成功故事"被注了多少水分 / 128**

史泰龙的"成功故事" / 129

肯德基的"成功传奇" / 131

**第三节　模仿之前，先认清你的参照物 / 135**

我有翅膀，你有吗？ / 135

难以模仿的李嘉诚 / 138

**第四节　成长要比成功重要得多 / 139**

享受过程，收获比成功更珍贵 / 140

渴望"成功"的青蛙 / 142

**第五节　活在当下，你就是一个成功者 / 145**

改正错误从当下开始 / 146

很多事无法提前 / 147

把重点放在眼前 / 148

## 第 7 章　优化活法，让生命充满乐趣

**第一节　改变活法就改变了命运 / 152**

改变活法，扭转命运 / 152

消极生活只会让情况更糟 / 154

苏东坡的积极生活 / 155

**第二节　没有胆量的人，才真正"无趣" / 157**

三兄弟的命运 / 158

勇敢扼住命运的喉咙 / 159

投入的胆量 / 160

**第三节　兴趣决定了生命的质量 / 162**

用兴趣改写人生 / 163

兴趣是最好的老师 / 165

**第四节　生命只对"有趣"的人感兴趣 / 166**

你会怎么走？ / 166

兴趣让生命多一种快乐的方式 / 168

兴趣来源于全情投入 / 169

**第五节　兴趣铸就欢快篇章 / 174**

从夜店王子到服装设计师 / 174

兴趣是成功的先决条件 / 176

做自己感兴趣的事情 / 178

# 第 1 章

## 混沌而迷茫，活着究竟是为了什么?

今天，我们更要牢记: 好好活下去，感恩地活着。用一生的才情去努力，用一生的精力去付出。在期盼中，沉稳地好好活着。人生路上，我们都需要继续修行。一位哲人讲过这样一句话: "年轻人，记住我一句话吧: 这个世界上，除了死亡，没有什么是大事。只要你活着，就是幸运的，好好地过好每一天吧。只有你自己才是你最好的医生，别的人对你都无能为力。" 不要只是为了活着而活着，好好地活下去，是人生最简单的道理。

# 第一节　父母成了自己生活的导演

很多父母一再对自己的孩子说："你的幸福就是我的全部！只要你幸福，让爸爸妈妈做什么都可以！"你认为这是动力，还是压力？

这个时候儿女心里面的固有模式就是，从小被教育要听话，要孝顺，让父母伤心是很罪恶的事情。这个时候叔叔伯伯邻居大妈也以长辈的姿态出现，他们苦口婆心：父母还不是为你好？你现在还不懂，以后你就明白啦！最终这场打着爱的旗号的绑架一拍即合：儿女愿意为父母放弃自己的想法，进入父母为他们准备的万事俱备，只欠东风的生活之中。这种生活，父母在自己脑海里已经预演多年，乐此不疲，到如今终于由你来实现，他们感到无比欣慰。

## 为父母放弃的"冠军"

一个学妹问学长："哎，学长，我曾经是多么不想做科研。可现在看来做科研可能是最靠谱的路，人生啊真是悲哀。"

学长回答："如果你只是害怕，那就做科研吧！"

学妹说："你怎么知道我害怕，我害怕去公司。"

学长说："真正的职业是那种不顾一切都要做的事情。"

学妹表示赞同："你说得很对，但是我做不了那种想让我不顾一切要做的事情，因为我没有办法不顾一切。我原本是想要去美国读营养学的，那才是我真正想做的事。我想出国，我能出国，可是我男朋友出不了国，他说假如让他出国陪读对他不公平，那我就太自私了。况且我爸妈不想让我出国，特别是我的妈妈，她会太想念我。所以，我觉得人生的悲剧不是你不具备得冠军的实力，而是你的亲人根本不允许你做运动员，所以只能眼看着别人得冠军了。"

学长问："究竟是你觉得自己无法当冠军，还是你觉得自己为了他们放弃冠军？"

学妹说："有什么区别吗？我分不清。"

学长分析道："前者是悲剧，后者是喜剧。前者是你被迫的生活，后者是你选择的生活，只不过重心没有在职业上而已。"

学妹思索片刻："我想是前者吧。"

学长说道：也就是说，你谁也不想得罪，所以什么都做不成。你对所有人说都说好，然后对自己说了不。

学妹争辩："不能用'得罪'这个词，是我放不下。一个是我妈妈，另一个是我男朋友，如果没有他们，我的人生还有什么意义？"

学长说："没有自己，你的人生有他们又有什么意义？就拿你的男朋友来说吧，他都不知道自己爱的是谁，因为你也不知道。"

学妹问道："如果我坚持我想做的事情，牺牲掉的可能是我人生中最珍贵的东西。如果是你，你能够放下你的老婆，也不顾及你的妈妈，然后就执意去吗？"

学长说："如果两者真的完全冲突，我一定会选择先做自己。"

现在很少看到还有其他国家的父母像中国的父母一样，为自己的孩子做出很多牺牲，同时又给他们提出那么多的要求。他们总是把自己缺失的东西强行附加到儿女身上，并从小教育他们，这就是幸福。这种故事发生在你我身上。下面是一个年轻人的故事：

# 母亲的期望

由于外公的出身问题，"文革"中，年轻人的母亲从一个师大附中的优等生变成了没有户口的知青，被大学拒之门外。听他爸爸说，"文革"后他的父母结婚，他的妈妈只有一个条件：让她读书！

一年后她以顽强的毅力怀着身孕考上了电大。在生下孩子以后，又马上投入学习。不知道多少次，孩子在摇篮咧着嘴，憋着红灰色的脸哭，她则忍着眼泪不让自己去看他，而继续从电视屏幕上抄下一两个单词。几年之后，她从电大毕业了。

但这只是电大而已啊！可以想象当年的妈妈对于身后这个不断打扰她看书的孩子给予了多大的期望。那个时候还没有出国，所以妈妈的想象也就止步于清华北大。她一定无数次地对尚在襁褓中的孩子说："你长大了要去读清华北大！"孩子则以一个饱嗝作为回应。

后来改革开放，她知道了哈佛、耶鲁，理想也进一步扩大，于是就帮孩子把人生目标定在了国外名校。按照她做出的规划，最好的生活就是出国，读到博士，然后找一个女人，生一个博士后代。为了这个梦想，妈妈存下每一分钱，宁愿走很远的路也不打车，从来不在路边花钱买水。

有时候年轻人想，假如自己是一个"乖孩子"，或许家里会更加和睦。他会拿着这笔钱出国，然后生一个博士后。可惜他没有，年轻人选择做自己，他是一个挑战者，背离了父母给他规划的读理工科的路线，走入了自己设计的路途，又从出国的路途上开小差走入了培训机构教外语，又重新规划自己的人生。

年轻人无法实现母亲对自己的规划，也不愿意按照她希望的时间表出国、结婚、生孩子。但是，年轻人现在很幸福，而且妈妈也开始觉得幸福了。

一般情况下，很多父母都像这个年轻人的母亲一样，很容易有这样的思维方式，把自己缺失的东西放大，强压在他们的子女身上。特别是独生子女的家庭，子女占用了所有的资源，所以子女也应该承担他们所有的希望。当资源付出到一定程度，这样一场对子女爱的绑架就开始布局——假如你不按照我的计划发展，我就会很伤心，就要内心压抑，偷偷饮泣。我花了半辈子把你养大，现在过得这么累，都是因为你！

现在到任何一家婚姻介绍所，都会发现来相亲的父母要比孩子多得多，他们希望替孩子选择丈夫或者妻子。去逛逛培训中心，你会看到等待的家长比孩子还要多，他们不希望自己的孩子输在起跑线上。高考前的志愿填报，只有27%的孩子根据自己的兴趣报考专业，而由家长决定的超过60%。有一位接受采访的家长对着电视镜头说："我不能够还他一个童年，如果那样做我就欠他一个成年！"

然而这又是谁要的童年？这是谁期盼的幸福？父母为孩子含辛茹苦地写好一场生命的剧本，仔细打磨，多方求证，疏通好所有的演出成功所需的明暗规则，只等孩子戴着面具，上场表演他们写好的剧本，等待他们在看台下的掌声。孩子们带着怨气表演，最后难以掩饰内心的难过，摔掉面具罢演。

# "就是我不喜欢"

我们身边常有这样的故事：一个很优秀的女孩子，突然宣布结婚，原来男方是父母为她挑选的。参加婚礼回来，朋友们羡慕得不得了。大家都说她先生英俊潇洒，性格很好，事业稳定而且忠诚。4年后听说他们在闹离婚，双方父母非常震惊，朋友不解，闺蜜相劝全都不管用。后来，一位老同学在聚会中碰见她，问到她这段婚姻失败的原因，她淡淡一笑说："他什么都好，只有一个缺点，就是我不喜欢。"

活在别人为你设计的生活中也是一样，这种生活看上去什么都好，或许就只有一个缺点，那并不是你真正热爱的生活。你可能会享受几天，然后忍受几个月或是几年，在最后选择放弃自己或是放弃别人，这里没有完美的好结局。

因为一旦你决定进入这个父母开心我不爽的模式，就开始了不快的循环。对于那些打着爱的旗号，想要设计你的生命的父母来说，无论他们的武器是循循善诱、哭天喊地的情感攻击，还是外面世界很残酷、你年纪还小不懂事之类的恐吓，你都要坚持过自己想要的生活。因为只有坚持做你喜欢的事情，你才能真正地感到幸福。而父母也会逐渐发现，他们坚持的只是让你幸福的方式，如果你真的用自己的方式找到幸福，他们也会为你感到开心。

# 父亲的理解

在一次座谈会上，一个观众过来向专家请教如何解决他和父母之间的矛盾。他的父亲希望他可以继续念一个医学的研究生，而他希望自己成为一个室内设计师。专家问他："你和父亲沟通过吗？"他摇摇头说："我爸爸是不会理解我的。"

这时候，一位中年人走过来，之前他一直在旁边，安静地听他们之间的对话。他打断专家的回答，对那个学生说："这位同学，我是一个军人，也是一个孩子的父亲。我想对你说的是，作为一个父亲，假如我的孩子真的让我意识到某一条路也能让他幸福，我会全力支持他，只要他真的可以让我知道。我相信你的父亲也一样。"

不知道那个学生最后有没有去和父亲沟通好，但是相信全天下的父母都希望孩子过得幸福，而且拥有自己的幸福，他们只是想要看到你要走的那条路的希望。

面对父母对我们生活的遥控和干预，我们应该：

★切忌抱怨

不要抱怨你的父母暂时无法理解你，他们那个年代和我们受过的教育不一样，不曾有过选择生活的机会，他们和你一样第一次面对如今这个变化的世界。他们只是用他们的方式来爱你。假如你一直在抱怨，你就一直在证明，你真的是一个理应被父母掌控的人，因为你无法掌控自己。

★听取建议

父母确实能给你很有效的建议，你也的确会对自己的生命做不切实际的计划，实际上我们总是高估了自己计划的正确性和他们建议的荒谬性，假如你安下心来好好聆听，你会发现其实你们说的是同一个计划。要判断这些建议对自己是否真的有用，最好的方法是低成本地尝试和体验一下。不如去父母建议的地方看一看，看看他们为什么会强力推荐这里，之后用自己的头脑来判断。

万一是自己错了怎么办？那也没关系，你还收获到很多的经验和下一次再来的勇气。在你按照自己的生活方式生活的过程中，错误是一种最好的也是必需的学习方式。假如你想过安全的生活，不犯任何错误，那你还是回到你父母身边听从他们的安排吧，你不适合趟一条蜿蜒的河流。

★试着和父母沟通

如果你希望自己和父母达到双赢的状态，没有任何人可以依靠，只有你能停止这种父母和自己都不开心的模式。开诚布公地和父母谈一次，像成年人那样拿出彼此的理由和证据，用事实和数据，而不是发脾气或是把自己锁在房间里面来进行对抗，把自己的主张告诉彼此。

面对家庭的压力，大多数子女使用的还是孩子战术：把自己锁在房间，冷战几天；或是大哭大闹让自己很悲惨；又或者负气出走。这样的行动只会让父母加强这个看法！看吧，他（她）依然是个孩子。

你大可以把自己的梦想想象成一家上市公司的董事会，你和你的父母对于你这个"公司"都有一定的发言权。他们是占有一定股份的股东，有权发言，也有表达观点的权利，而你也有义务认真倾听、考虑。但记住，在关于你的人生的董事会上，最大的股东永远是你自己。

# 第二节　不清楚流向的河流，
　　　　　融不进奔腾的大海

没有曲折的河流，就没有港湾；没有落差，就没有跌撞；没有跌撞，就没有浪花。人生假如不再坎坷，就像笔直的河流一样，找不到生活的拐点；没有失败，就像是没有落差的水流，撞击不出反思的浪花。

活着，不是不可以悲伤，不可以受挫，不可以失败。但是，绝不可以颓废、堕落和软弱。如果你悄悄地到来，也正像你悄悄地走了，尽管你带不走一片云彩，但却没带给社会一点贡献，那么留下的只是遗憾。

## 新生活从选定方向开始

在非洲撒哈拉沙漠中有一个叫比塞尔的村庄，它就在一块15平方公里的绿洲旁边，从这里走出沙漠通常需要三天三夜的时间。但是在肯·莱文1926年发现它之前，这里从来没有一个人走出过大沙漠。为什么世世代代的比塞尔人始终走不出那片沙漠？原来是因为比塞尔人一直不认识北斗星，在茫茫大漠中，他们迷失了方向，只能凭感觉向前走。但是，在一望无际的沙漠中，一个人如果没有固定方向的指引，他会走出许许多多大小不一的圆圈，最终回到他起步的地方。然而自从肯·莱文发现这个村庄之后，他就把识别北斗星的方法教给了当地的居民，比塞尔人也相继走出了他们世代相守的沙漠。现在的比塞尔已经成了一个旅游胜地，每一个到达比塞尔的人都会发现一座纪念碑，碑上刻着一行醒目大字："新生活是从选定方向开始的。"

一个人要想成就一番事业，就应该有一个明确的奋斗方向。沙漠里没有方向的人只能徒劳地转着一个又一个圈，生活中没有目标的人只能无奈地重复着自己平庸的生活。对沙漠中的人来说，新生活是从选定方向开始的；而对现实中的人来说，新生活是从确定目标开始的。

有两只蚂蚁想翻过一座墙，寻找墙那边的食物。一只蚂蚁来到墙脚就毫不犹豫地向上爬去，可是每当它爬到一半时，就会因为劳累、疲倦而跌落下来。然而它毫不气馁，一次次跌下来后，它又迅速地调整一下自己，重新开始向上爬去。另一只蚂蚁观察了一下，决定绕过墙去。这只蚂蚁很快绕过墙来到食物前，开始享受起来；而另一只蚂蚁还在不停地跌落下去又重新开始。

很多时候，想要获得成功，除了勇敢，坚持不懈外，更需要方向。或许有了一个好的方向之后，成功要来得更快。

## 教他该往哪走

马格丽特·桑斯特是一位杰出的社会活动家。十几年前，她遇到一位一条腿严重扭曲的男孩。富有同情心的马格丽特马上把这个男孩带到医院做了外科检查。检查后发现，如果接受一系列的手术，小男孩的腿是完全有可能康复的。通过多方奔走和说服，医院同意减免一部分医疗费用，一位银行家捐助了这个小男孩，小男孩的家人以及马格丽特本人也筹集到一部分资金。

"一切都进展得很顺利。当有一天，我看到小男孩居然跑了起来，"马格丽特回忆说，"我的泪水忍不住就流下来了。"

"现在，小男孩已经成长为一个健壮的小伙子。"马格丽特向她的听众问道："你们知道他现在是做什么的吗？"马格丽特顿了一下说："他因为抢劫正在监狱里坐牢。"

说到这里，台下一片死寂，马格丽特已经泪流满面。她哽咽着继续说道："这是我一生中最愧疚的一件事情，我只顾着教他怎么走路，而忘记了更重要的事情，那就是教他应该往哪里走！"

由此看来，小男孩虽然艰难地获得了身体上的新生，但是却走上了犯罪道路。不是因为他的腿脚出了问题，而是迈错了前进的方向。这也说明了一个道理，就是方向比速度重要。

## 爱丽丝和猫的对话

《爱丽丝漫游奇境记》里，爱丽丝和猫有这样一段对话：

"请你告诉我，我该走哪条路？""那要看你想去哪里？"猫说。

"去哪儿无所谓。"爱丽丝说。"那么走哪条路也就无所谓了。"猫说。

这段对话就是要让人明白，当一个人没有明确的目标和方向的时候，自己不知道该怎么做，别人也对你爱莫能助。天助先要自助，当自己没有明确的方向的时候，别人说得多好也是别人的观点，不能转化成自己的有效行动。

# 只要方向没错

台湾著名出版商郝明义在他的励志著作中，曾经提到过这样一件事："有一年，我在马来西亚的一个小岛上游泳，游着游着，海底一下子变得昏暗模糊起来，我觉得越游离岸越远——我双手发软，无力继续划动，所以游泳的节奏都已乱了。"

在那个生死攸关的时刻，两个信念支撑着他游了下去。"一是我坚信自己的方向，不可能越游离岸越远；二是我要保持顺畅的呼吸，不要呛到水。"

游回岸边获救之后，他忽然悟出了受用一生的生存哲理：只要方向没错，就要相信通过自己的努力，一定可以达到目标。

把一个人放在不同的轨道上，这一生就会不同，就像河流一般，知道流向才能融入奔腾的大海，你决定让自己朝哪个方向走呢？

# 第三节　站在迷惘的彼岸

## 帕霍姆情节

文豪托尔斯泰大笔一挥就写出《战争与和平》这样的名著，其实他很羡慕像莫泊桑这样的短篇小说家，他也曾经试着写过短篇，其中有一篇叫作《一个人需要多少土地》，讲了一个这样的故事：

一个叫帕霍姆的地主向巴什基尔人的头目购买土地，当他问到土地的价格时，头目回答他："我们的价格一直不变：一天1000卢布……我们以天为单位卖地，你一天走多远，走过的土地都是你的，而价格是一天1000卢布。可是有一个条件：假如你不能在当天返回出发地点，你就会白白失去那1000卢布。"

帕霍姆从第二天早上开始圈地，他努力地往前走，一直走到不得不往回走，才发觉自己走得太远了。于是他竭尽全力狂奔回来，在最后一瞬间回到了原点，可是却吐血而死。他的仆人捡起一把铁锹，在地上挖了一个坑，把帕霍姆埋在了里面。帕霍姆最后需要的土地不过只有从头到脚那么一小块儿。

"帕霍姆情结"指的就是那些有手无胃的人，这类人有强壮的手脚，却没有胃。他们永远感觉不到幸福，只有饥饿。他到死的时候都不明白，其实人只需要从头到脚六米的那一小块土地。

拥有"帕霍姆情结"的人，就像是在食物中饿死的无胃之人一样，永远吃不饱。其实，成功从来只是少数人的游戏。社会先给我们定义"成功"（一个到达才允许幸福的标准），随后冷笑着让我们参加一场永远只有少数人笑、多数人哭泣的游戏。社会规定的"幸福"永远是稀缺资源，当我们达不到"幸福"的基准时，就会渐渐迷失自己。

你可以按照社会设计好的方式去工作，设计好的方式去竞争，设计好的方式去交换，可是一定不可以按照社会设计好的方式去幸福。否则，你就彻底地失去了自我。

从什么时候开始，我们让社会来定义我们的幸福？在我们很小的时候，在我们没有把自己弄丢的时候，社会系统和自我系统是一体的。我们为了一块面包而放声大哭，为了一个拥抱而哈哈大笑。父母也喜欢我们的那个样子，因此那个时候我们身上的两套系统非常和睦，我们做的就是我们想的，我们想的就是我们做的。然而慢慢地，社会和自我开始分离，因为他们会进入这样一个圈子。

# 自我和社会的较量

刚上小学的时候，你跑过去对妈妈说，我考了 100 分，妈妈很高兴地抱抱你，说真是妈妈的乖孩子，妈妈爱你。

过了一段时间你跑过去，说妈妈我得了 30 分，妈妈说你还好意思回家？我的孩子怎么这么不争气！

你的自我说：我希望妈妈爱我。

社会马上给出答案：那我就需要考一个好分数。

你会渐渐明白一个道理：妈妈爱好分数，跟我本身没有什么关系。

哥哥结束了高考，他兴奋地跑回家，说我考上北大了！于是亲戚们纷纷伸出大拇指，说真了不起，老早就看出来你是一个聪明的孩子。

高考完了，你兴冲冲地回家，说我考上本科了！于是亲戚们问是什么学校，你说是三本。接着大家都表情微妙地对你说笑，你爸爸妈妈供你念书不容易，你要好好学习。

你的自我说：我想要亲戚们喜欢我。

社会告诉你：谁让你考不上清华北大的，大家都喜欢北大的。

你逐渐弄懂了一个道理：亲戚们都喜欢考上北大的，和我没有什么关系。

你工作了，出门碰到陌生人递过去名片：经理。对方说经理您好您好，快请进。

你工作了，出门碰到陌生人递过去名片：秘书。对方说秘书你好你好，你先在这等一下。

你的自我说：我想要受到尊重。

社会给出回答：那就要当上经理。

于是你慢慢明白了一个道理：受尊重的是经理，跟我没有什么关系。

你恋爱了，你对你的女朋友说，我爱你。她问你有房有车吗？你说有。她说我好爱你，永远。

你恋爱了，你对你的女朋友说，我爱你。她问你有房有车吗？你说没有。她说我真的很爱你，可是……

你的自我说：我想要一个女朋友。

社会告诉你：那你就需要有房有车。

你慢慢地弄懂了一个道理：女朋友爱的是我的房子车子，跟

第 1 章　混沌而迷茫，活着究竟是为了什么？

D

15

我没有什么关系。

　　终于有一天，社会对自我说：你究竟怎么搞的？我们俩一起出去闯世界，结果每次都和你没有什么关系，不如你不要再出来了！

　　自我于是伤心地回到家中，发誓再也不出门了。

　　在我们很小的时候，"自我"和"社会"的属性还连在一起，直到有一天，我们把自己弄丢了，自我属性就这样慢慢萎缩，社会属性也就这样越来越大。在将来的日子里，社会属性所选的路获得了妈妈的"爱"、亲友的认同、社会的尊重，获得了女朋友的爱和经理的名片，然而内心却总觉得空空如也。尽管他拥有许许多多的东西，可是他却丢掉了自我的幸福，不懂得兑换幸福了。因为他很少获得过来自自我的礼物：内心的激情、动力、充实与宁静。

　　我们很听社会的话，成长为一群有脑无心的人，一群有逻辑却缺失情感的人，一种讲高度不讲尊敬的人。我们成长为别人要求的样子，并且以此为荣。就这样，我们站在迷惘的彼岸，丢失了自己。

# 失去才知珍惜

　　很久以前，在一个香火很旺的寺庙里，有一只研习佛经的蜘蛛。有一天，佛从天上路过，看到这个香火很旺的寺庙，佛来到了这个寺庙里，看见了那只蜘蛛，佛问："蜘蛛，你知道什么是这个世界上最值得珍惜的吗？"

　　蜘蛛回答："得不到的和已经失去的。"

　　佛说："好，我一千年之后，会再来问你这个问题。"

佛走后，蜘蛛依然生活在这个寺庙里，每一天都在为前来许愿的人们祈祷，每天都在为他们的故事而感动。日子就这样在不知不觉中慢慢地溜走。

一千年后，佛再次来到这个寺庙，他又问这只蜘蛛："蜘蛛，你知道这个世界上最值得珍惜的是什么吗？"

蜘蛛回答："得不到的和已经失去的。"

佛说："好，等我一千年后再来问你这个问题。"

佛走后，蜘蛛还是继续在这个寺庙里生活。突然有一天，一阵风刮来了一滴甘露，这滴甘露恰好落在了蜘蛛的网上，蜘蛛非常喜欢这滴甘露，每天都看着它，觉得自己十分幸福，每天过得飞快。可是有一天，那阵风又刮来了，而且把甘露也带走了。蜘蛛失去了甘露，它很沮丧。日子就在蜘蛛的沮丧中慢慢地过去了。

一千年后，佛再一次在这个寺庙降临，他又问蜘蛛："蜘蛛，你知道什么是这个世界上最值得珍惜的吗？"

蜘蛛的回答和往常一样："得不到的和已经失去的。"

佛说："好，那你就和我一同到人间走一趟吧。"

蜘蛛便追随佛来到了人间，佛让蜘蛛投胎转世为人。18年过去了，这只蜘蛛投胎成为一位官宦之家的小姐，取名叫珠儿。同年，甘露也投胎转世，成了今科状元。在一次大臣的宴会上，珠儿和甘露再一次相遇了。甘露相貌堂堂，举止文雅，成为众人瞩目的焦点，自然也得到了皇帝的女儿—长风公主的青睐。珠儿并不惊慌，因为她心里明白，自己和甘露的缘分是上天注定的。

有一天，珠儿到寺庙里烧香，恰好碰见了陪母亲来烧香的甘露。她走过去，甘露十分有礼地说："小姐，您有何贵干？"

珠儿的脸色顿时变得煞白："难道你不认识我了吗？我是珠儿呀，就是两千多年前的那只蜘蛛。"

D

第1章 混沌而迷茫，活着究竟是为了什么？

甘露不解道："对不起小姐，我想你是认错了人，我并不认识你，也不知道你说的究竟是什么。"

甘露随着母亲走了，珠儿陷入了无比的悲痛之中。她不懂这明明是天注定的缘分，却这么难以实现。几天后，当珠儿还沉浸在悲伤中的时候，她得到了两个消息：一是皇帝把自己的女儿长风公主许配给了甘露；二是皇帝把她许配给皇子甘草。

听到这个消息，珠儿终于支撑不住了，她彻底崩溃了，从此一病不起。在珠儿和甘草的大婚之期快到的时候，甘草得知珠儿大病不起的消息，很是伤心，他来到珠儿的床边，握着珠儿的手说："珠儿，你知道吗，自从在大臣的宴会上见到你的那一刻起，我就已经深深地爱上你了，所以我请求父皇把你许配给我，如果你死了，我也不会独活。"

珠儿此时已经陷入了昏迷，什么都听不到了，而她的灵魂已经慢慢地离开了她的身体，她看着自己身边默默流泪的甘草，感觉像是有把尖刀在心里狠狠地割了一下。

就在这时，佛出现了，他问珠儿："你现在能告诉我世界上最值得珍惜的东西是什么吗？"

珠儿含着眼泪回答："得不到的和已经失去的。"

佛说："难道你还不明白吗？甘露在你的生命中只不过是一个过客，他是被长风带来的，也是被长风带走的，因此他属于长风公主。而你在寺庙生活的那段日子里，在你网下的甘草，一直默默地仰望着你，爱慕着你，只是他没有勇气告诉你，你也从来没有低下过你那高贵的头颅。"

这时的珠儿早已哭成了泪人，她点点头，看着自己身边的甘草说："在这个世界上，最值得人们去珍惜的是现在身边所拥有的。"

人之所以会迷惘，就是因为不知道应当珍惜什么，珍惜要等到失去才能认识到它的价值。没有失败、伤心、懊悔、痛苦的人，是不可能理解珍惜二字含义的。没有经历过战争的人，不会珍惜和平的可贵；没有经历过病痛的人，不会珍惜健康的身体；没有经历过饥饿的人，不会珍惜粮食；没有经历过失去的人，不会珍惜拥有。经历过牢狱之灾的人，才会更加明白自由的可贵。

人们常说只有失去才会懂得珍惜，希望所有的朋友都能走出迷惘，认清身边值得珍视的一切并更加珍惜，不要等到失去后才追悔莫及。

# 第四节　活得太累，只因心累

心若累了，人就失去了灵魂，做事没有了头脑，世间的一切仿佛与他无关了；心若累了，无所谓理想，无所谓热爱，一切都变成了灰色，痛苦与压抑缠身，生活的热忱便越来越淡了；心若累了，心就痛了，心就碎了，人也麻木了，就会在人生的棋子上徘徊不前，一切也就无所谓了。

心累究竟是什么？是无可奈何花落去，是一个人为更多的个人自由选择而付出的沉重代价。对地位的垂涎，对金钱的渴望，对虚伪自尊的坚持，对享乐的无尽欲望等，于是有了生活很累很累的感觉。

人生就像爬山一样，本来我们能够轻松登上山顶去欣赏那美丽的风景，然而由于身上背负了过重的包袱，带着没有止境的欲望上路。这致使我们很难登上山顶，甚至会忽略掉沿途的美丽风景，只剩一身的疲惫。

# 捡石子的商人

很久以前，有一个商人，晚上一个人行走在静寂无人的山路上，忽然，耳边出现一个神秘的声音对他说："请你弯下腰来，拣起路边的几个石子，明天清晨你会因此得到欢乐。"尽管商人并不相信石子会为他带来欢乐，可他还是弯下腰去，在路边拣起了几个石子，随后装进袋子里，继续赶路。

第二天，太阳升起来了，商人忽然想起了袋子里还有石子，于是就掏出来看。当商人掏出了第一颗石子时，他一下愣住了，自己手里的不是石子，而是钻石！商人接着掏第二颗、第三颗、第四颗……发现是绿宝石、蓝宝石、红宝石……商人开心极了，这么多的宝石能够卖多少钱啊！不过一会儿，商人又开始沮丧起来，他后悔昨天没有多捡些石子，多捡几颗，就能得到更多的宝石！于是商人就这样悔恨了一路，之前快乐的感觉也消失不见了。

一个容易满足的人，所得到的快乐会多得多。当商人发现石子是宝石时，他觉得很快乐，然而当他开始后悔昨天晚上没能多捡几颗石子时，快乐的感觉就消失得无影无踪。快乐其实很简单，它永远属于知足的人，而不属于贪得无厌的人。

人之所以会活得太累，原因之一就是不懂得知足，索求太多，甚至是一些不属于自己的东西。由于自己的内心填不满、放不下，我们才时常觉得活得太累。当你真正放下以后，你才发现所有的苦恼也都被你放下了，你如原来一样轻松快乐。

# 魔鬼的诱惑

　　有一个人非常贫穷，连一张床都没有，每天晚上都只能在一张长椅上睡觉。

　　一天晚上，这个穷人自言自语地说："假如有一天老天让我发了财，我绝不像那些可恶的富人一样当吝啬鬼……"

　　这时候，穷人身边出现了一个魔鬼，魔鬼说道："我听见了你的愿望，我可以帮你实现它。"说罢，魔鬼从衣服里拿出了一个钱袋。

　　魔鬼说："这钱袋里永远都会有一枚金币，是拿不完的。可是，你要记住，只有当你把钱袋扔掉时，才能开始使用这枚金币。所以你觉得金币足够花了的时候，就把钱袋扔掉。"

　　魔鬼说完这些话，就消失不见了，而穷人的身边真的出现了一个钱袋，里面装着一枚金币。穷人把那枚金币拿了出来，再伸手进去拿，里面又出现了一枚金币，于是穷人不断地往外拿金币，整整一个晚上，穷人都不停地往外拿金币。第二天金币已有一大堆了。他想：这些钱已经够用我一辈子了。

　　这时他很饿，很想去买点儿吃的填饱肚子，但是在他花钱之前，必须要扔掉那个钱袋，于是他就拎着钱袋朝垃圾箱走去，但是当他扔掉钱袋后，又觉得很舍不得，又掉回头把钱袋捡了回来。他又继续从钱袋里往外拿钱。就这样，每次当他想把钱袋扔掉的时候，他就总觉得钱还不够多。三天过去了，他旁边的金币越来越多，以至于完全可以去买吃的、买房子、买最豪华的车子。可是，他总是对自己说："还是等钱再多一些才好。"

一连好几天，他不吃不喝拼命地从钱袋里拿金币，金币已经快堆满他的房子了。但是，他仍然舍不得放弃那个钱袋。他虚弱地说："我不能把钱袋扔掉，金币还在源源不断地涌出来啊！"最后，他终于因为又累又饿，死在了自己的长椅上，旁边堆着满屋子的金币。

　　我们一心只盼望能拥有得越多越好，爬得超高越好，到后来我们的心灵却无法负重前行，弄得疲惫不堪。贪婪是一种诱惑，让我们不知疲惫地跌向那没有止境的深渊。活得太累的人，只知道一味地往前走，而不知道停下脚步歇息，欣赏沿途的风景。人生活着是一个过程，当我们回首这一路走过的路途，有的人回忆里不仅有一生的收获，更有那些生动的画面、美丽的风景，扔掉那些不值得你带上的包袱，轻松上路，你人生的路途会更加轻松美好。

　　人的心之所以会累，就是经常徘徊在坚持和放弃之间，犹豫不决。生活中总会有一些值得我们坚持的东西，也有一些有必要放弃的东西。放弃和坚持，是每个人面对人生问题的一种态度。敢于放弃是一种勇气，勇于坚持何尝不是一种勇气？孰轻孰重，谁能说得清，道得明呢？假如我们能懂得取舍，能做到坚持该坚持的，放弃该放弃的，那该有多好。

　　别让自己的心那么累，应该学着想开、看淡，学着不强求。别让自己活得那么累，适时让自己放松一下，给疲惫的心灵解解压。

　　人之所以会感到烦恼，也是因为记性太好。该记的、不该记的都会留在记忆里。而我们又经常记住应该忘却的事情，忘掉了应该记住的事情。为什么有人会说傻瓜可爱、可笑，因为他忘记了人们对他的嘲笑和讽刺，忘记了人世间的恩恩怨怨，忘记了世俗的功名利禄；忘记了这个世界的一切，所以他在自己的世界里随心所欲并快乐地活着，傻傻地笑着。

　　然而很多人宁肯让自己不快乐，也不甘愿去做傻瓜。假如可以记住应该记住的，忘记应该忘记的。或者是忘掉从前，把每天都能当成一个新的开始，那该有多好。可是，说起来容易，做起来却是非常困难。

　　人之所以会活得累，有时候是因为想得太多。身体上的累不可怕，可怕的是心累。心累就会影响心情，甚至扭曲心灵并危及身心健康。实际上每个人都有被他人所牵累，被自己所负累的时候，只不过有些人懂得要及时调整，而有些人却深陷其中无法自拔。

　　生活在不同时代的人有着不同的精神状态，以前我们的物质生活很贫乏，可精神状态却很好；现在我们的物质生活提高了，可精神生活却匮乏了。不要遇事就往钻牛角尖里钻，让自己背负着沉重的思想包袱，总想把事情做得万无一失，这就造成我们活得累。

　　哀莫大于心死，累莫大于心累。一个人最大的劳累，莫过于心累。两个一起跑步的人，跟在后面的总显得累些。社会发展，如果跟不上节奏，就会觉得心累。想干的事情很多，做过的梦也有很多，可是什么也没有做成，于是觉得心累了。睁开两眼历历在目，闭上双眸又不堪重负，看不到希望和光芒，于是感叹心累了。走过了千山万水，穿过了密密丛林，趟过了湍急河流，依然找不到心在哪里，那确实是心累了。

　　心累的人，要学会适应。不能独自对着黑暗发呆，要适应社会，适应生活。不必过分在意别人的掌声和赞美，不把别人的行为结果作为自己的追求目标。不断扩充自己的心理空间，才能体验生活本身的意义与快乐。

　　心累的人，要学会释放。把囚禁在心牢中的自己解放出来。所有的抑郁深埋在心底，只会让自己郁郁寡欢，如果把内心的烦恼告诉别人，心情就会舒畅起来。开朗、豁达的心态能够换得一颗年轻、快乐、充满活力的心。忘掉不幸，蔑视挫折，何尝不是人生的升华？

　　心累的人，要学会调节。要正确认识自己，不要为自己套上枷锁，别给自己定太高的期望值，翻跟斗要给自己找一个软着陆的地方，爬云梯要给自己找下得来的台阶，实事求是地评价自己，量身定制自己的人生目标。

心累的人，要学会微笑。接纳自己、欣赏自己、喜欢自己、追求完美的同时，接纳不足和毛病。人只有欣赏自己，才能有自信心。不妨糊涂一回，也不妨模仿阿Q的精神，勇敢地面对今天，更好地笑对明天。手酸了，可以把手里的东西放下；心累了，请把你的心事放下。

上帝说："孩子，无论在任何时刻，只要有希望，只要心还活着，一切都有可能，我把你的心还给你，希望它能带你走进光明。"

# 第五节　不能只是为了活着而活着

人的一生总会经历许多事情，这些事情有的让你喜，有的让你忧，有的让你大笑不止，有的则让你垂头叹息。实际上，细细想来，这些都算得了什么？因为，在这生与死并存的世间，只要还活着，我们就是幸福的。活着，就是一场修行，一种希望，一种美丽的幸福。当你能够活着、笑着、哭着、吃着、睡着，切切实实地感受生命的流动时，你的存在就是一种幸福。

## 活着的每一天都是节日

1991年11月7日，32岁的NBA名将"魔术师"约翰逊在湖人记者招待会上宣布退役，因为他感染了艾滋病病毒。19年过去了，约翰逊仍然积极地生活着，也努力地和病魔斗争着。

约翰逊一直接受着鸡尾酒疗法，把病情控制在稳定的范围里。作为丈夫和三个孩子的父亲，他在家人的陪伴和支持下全身心投入到工作中，管理着一个不小的商业王国，他的资产比退役时增加了近20亿美元。2001年，他创建了魔术师约翰逊发展公司，拿下了洛杉矶城市里一块没人要的地，建成了魔术师约翰逊剧院。又说服了众多大商家入驻，逐渐成形了一个新的商业中心。2006年，他又收购了一家著名的连锁餐厅。现在他的产业除了餐厅和剧院之外，还包括一家制片公司以及湖人队5%的股权。

除了经商，他把所有的精力都投入到篮球和公益活动当中。他曾担当一家电视台的NBA嘉宾主持；经常参加以篮球为主题的公益活动；他还曾和姚明一起出演了一部防治艾滋病的宣传教育片。

虽然无法完全摆脱这个疾病，然而约翰逊说："我从来没有把自己当病人，我感觉好极了。我庆幸自己还活着，每一天都活着，每一天对我来说都是节日。我活着，也是为了让那些患有艾滋病的人明白，要自强不息、积极地面对每一天。"

**疾病和灾难的发生是难以预料的，生命的流逝是无法挽留的，因此我们应该怀着感恩的心珍惜每一天的生活。**

亲爱的朋友，假如你早上醒来发现自己还能自由呼吸，你就比在这个星期中离开人世的100万人要幸运多了。如果你从未经历过战争的危险、被囚禁的无助、受折磨的痛苦和忍饥挨饿的难受，你已经好过世界上5亿人了。如果你的冰箱里有食物，身上有足够的衣服，有栖身之所，你已经比世界上70%的人更富足了。

# 幸运的人

2010年联合国"世界粮食日"数据显示：世界上每7个人中就有1人在挨饿。目前全球有36个国家正陷于粮食危机当中，全球还有8亿人处于饥饿状态。在发展中国家里，有两成人得不到足够的粮食，而在非洲大陆约有1/3的儿童长期营养不良。全球每年有600万学龄前儿童因饥饿而夭折！

假如你的银行账户有存款，钱包里有现金，你已经身居于世界上最富有的8%之列！

假如你的双亲仍然在世，并且没有分居或离婚，你已属于稀少的一群。

假如你能抬起头，脸上带着笑容，并且内心充满感恩，你是真的幸福了，因为世界上大部分的人都可以这样做，然而他们却没有。

假如你能握着一个人的手，拥抱他（她），或者只是在他（她）的肩膀上拍一下，你的确有福气了，因为你所做的，已经等同上帝才能做到的治疗了。

假如你能读到这段文字，那么你更是拥有了双份的福气，你比20亿不能阅读的人不是更幸运吗？

看到这里，你是否发现，自己其实还是比较幸运的人呢？幸福的微笑此刻是不是已经挂在了你的脸上？

古人笔记小说中有一首《行路歌》："别人骑马我骑驴，仔细思量总不如，回头再一看，还有挑脚夫。"语言虽浅，却足以醒世。因此，我们更应该怀着感恩的心珍惜每一天的生活。

感谢每一天，清晨我们都能从梦中醒来，感谢我们都能再次睁开眼睛；感谢每一天，我们都能呼吸到氧气，都有水喝，都能吃上饭；感谢每一天，我们都能穿上适合的衣服，或许还能穿得很漂亮；感谢每一天，我们都能站在这个世界的舞台上，坚定地走在属于自己的路上；感谢每一天，我们都可以学习、收获人生的宝贵知识，学会处世做人的基本道理；感谢每一天，我们还能和朋友说话、玩耍，能够和体己的人坐下来沟通、交流；感谢每一天，我们都能继续爱我们的朋友、亲人，并被他们所爱；感谢每一天，我们都能碰上让自己开怀的事情，让自己笑起来；感谢每一天，我们都能碰上倒霉的事情，而且可以勇敢地克服它，让自己变得更坚强；感谢每一天，我们都能比昨天更有进步，更成熟；感谢每一天，我们都能在太阳落下后，安心地躺下，睡上个好觉。怀着一颗感恩的心，我们可以做得更好！不用再去想着胖瘦美丑，不再抱怨命运多舛，工作多累，做多做少不要紧，只要活着就好，活着比什么都幸福！

　　无论未来如何，我们都要怀着一颗感恩的心，因为我们的活着很有意义，不是只为了活着而活。

　　活着本身就是一种幸福。人都难免一死，因此相对死而言，活着就更加有其存在的意义。好好活着，不要埋怨生活，即使生活不如意，即使生活在最底层，一文不名又怎么样？毕竟你还活着，还拥有自我，这已是最大的幸运！

　　什么都可以放弃，唯有生命不能放弃，在你最不堪的时候，你只要做到仅仅活着就够了。死亡只是一种诱惑，它不是正确的向导。

　　时常在新闻报道中看到有人自杀的消息，有人因为感情，有人因为承受不住挫折，也有人因为没钱救生病的孩子而选择轻生，一条条鲜活的生命，就在自己的不坚持之下，轻易地放弃了。

　　2010 年富士康连续发生 14 起跳楼事件，一个个年轻的生命，让人扼腕之余，更是值得我们静下来思考一下。生命真的这般脆弱，这样不堪一击吗？我们有什么理由放弃宝贵的生命呢？

# 为谁而活？

北川县委宣传部副部长冯翔之死，给人以很大的触动。为什么在地震中幸存的人，在地震过去后还会选择自杀？

有人说冯翔自杀是因为思念儿子过度。他曾经在博文中这样写道："儿子，你走了，带走我们所有的希望，带走我们赖以生存的幸福。你的妈妈天天以泪洗面，你的爸爸悲痛欲绝。

孩子，我最亲爱的孩子，爸爸妈妈无时无刻不在想你，在盼你归来，但我们知道，你永远回不来了，你到了天堂，那里有鲜花，有蓝天，只是没有恐怖的地震。孩子，你回不来了，你曾经温馨的家如今已经倒塌在废墟里。

孩子，对整个世界来说，你只是一粒尘埃，对我而言，你却是我的整个世界。爱子啊，当思念的泪水点燃，你的脚步早已走远。当今生已经阴阳相隔，我期待着来生重逢的情缘。

思念你啊，我的孩子，在无数的滴雨清晨和夜晚，儿子，你离开了，爸爸失去了未来，失去了希望，失去了憧憬。和你相聚，是爸爸最大的快乐。如果某一天，我死了，儿子，那是我最幸福的事，我会让你妈妈把我的骨灰撒在曲山小学的皂角树下，爸爸会永远地陪着你，我们将不离不弃，永远在一起。儿子，相信一个父亲，对你最深最深的爱。"

见到冯翔写给儿子的信，没有人会不为之动容。冯翔是一个疼爱孩子的好父亲。从他的文字里，我们可以看出他对儿子的爱与思念和失去爱子的悲恸。

对于每一个为人父母的人而言，孩子就是他生命的全部。父母活着尽管不全是为了孩子，但是假如没有了孩子，许多父母认为活着失去了动力。因为失去了孩子，生活或许对他们来讲已经了无生趣。也许这话有人反对，他们会反驳说："人生中有很多值得珍惜的东西，没有了孩子就去自杀，这样可取吗？"

这话说得很有道理，只是我们在说这些话时，全是站在旁观者的角度看事情、谈问题，这样自然轻松。假如是已经成为父母的人可能不会说出这些话来，因为他们更能理解当事人的丧子之痛。正像冯翔写给他儿子的话："对整个世界来说，你只是一粒尘埃，对我而言，你却是我的整个世界。"对于父母来说，孩子真的就是他们的整个天空！

虽然冯翔的失子之痛非常令人动容，可是对他轻易放弃生命的表现人们也感到遗憾。冯翔作为父亲深刻体会到了自己的丧子之痛，他有没有想过，自己自杀，自己的老父老母也要体会和他一样的丧子之痛，不知道在自杀前的一瞬间，冯翔有没有想过自己的父母？

有人说，死是一种解脱。或许，死只是对离开的人来讲是一种解脱，而留下的人呢？因为这种解脱带给他人的痛苦要大于自己生存的痛苦，这是一种非常不负责任的行为。属于自己的苦你就要自己承受，无论是生是死，都不可以把它们强加到那些爱你关心你的人身上，因为爱毕竟没有错。

在你人生最低谷最不堪的时候，你只需要做到活着就够了。死亡只是一种虚妄的诱惑，而不是解决问题的方法。人生什么都可以放弃，唯有生命不能。

我们曾为生命的脆弱而感叹，为疾病而忧愁，为死亡而恐惧，为世事的无常而哀怨，为人生的挫折而愤懑，为事业的失败而颓丧。我们可曾想过：正是因为短促而不可知的生命旅途中充满太多的烦闷和不平，所剩那少许的愉悦才显得弥足珍贵，因此才更需要用心去经营，让它开出芬芳的花蕾。

今天，我们更要牢记：好好活下去，感恩地活着。用一生的才情去努力，用一生的精力去付出。在期盼中，沉稳地活着。人生路上，我们都需要继续修行。一位哲人讲过这样一句话："年轻人，记住我一句话吧：这个世界上，除了死亡，没有什么是大事。只要你活着，就是幸运的。好好地过好每一天吧。只有你自己才是你最好的医生，别的人对你都无能为力。"不要只是为了活着而活着，好好地活下去，是人生最简单的道理。

# 第 2 章

## 欲壑难填，你活得有安全感吗?

---

那些把自己关在心房里，整天算计别人的人；那些躲在屋子里，整天等待别人拯救的人；那些躺在优越的物质条件之上，惶恐不安担心失去的人。那些内心没有安全感的人，能够做些什么呢?

假如你真的是一个没有安全感的人，你可以做得最好的事情，就是在自己最恐惧的地方，无条件地去帮助一个人，一些人，一群人。帮助别人是这个世界上最安全的事情，永远也不会失败。

---

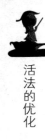
# 第一节　买了房子你就安全了吗

无论你在中国的哪一座城市，只要你还准备结婚，还有份工作，而且父母健在，你或许都想过一件事情：在这个城市里，我是不是要买房？怎么样才能买到房？什么时候买？父母出不出钱？

因为你心里明白，要是一提裸婚，都不会有人愿意嫁给你。就算老婆愿意，她的家人呢？别人会怎么想？生了孩子之后怎么办？我们可以先看看下面这个裸婚的故事。

## 小特和小苏的故事

有这样一个人，我们暂时称呼他为小特。他 21 岁从某名牌大学金融系毕业。在大城市找不到工作，于是他回到老家的证券公司做一名普通员工。一年以后，蚁族小特遇到自己喜欢的女孩小苏，于是向她求婚。小苏问他，房子怎么办？他说："我工作刚刚一年，加上大学时的存款，大概一共攒下来 10 万多。我给你两个选择：一是花这笔钱在当地买个小房子，二是让我去做投资，过几年买套大一点儿的房子。"小苏说："好，我相信你，我选二。"于是小特和小苏租了个两室一厅就结婚了，房子很破旧，晚上还能听到天花板里的老鼠在聚会。婚后一年他们生了个女孩，他们没能买房。结婚 4 年后，小特的事业终于有了点儿进步，他成为一个投资公司的合伙人。第6年的时候，他在新的公司稳扎稳打，收入也开始稳定起来。他在当地买了套很普通的房子，全家都搬了进去。32岁的时候，小特终于赚到了自己的第一桶金，尽管他们的朋友们都住上了更好的房子，这笔钱他也不准备用来买更大的房子，他还想继续做他的投资生意。

你认为自己可以接受这样的生活吗？这样的生活，与选择了直接买房子的故事版本相较又如何呢？这是一个真实的故事，小特和小苏都是你所熟知的人，他们就是巴菲特和苏珊。

如今有这么多不见房子不允许儿女结婚的中老年父母，这么多无房绝不裸婚的男男女女，而谁才是真正的股神？巴菲特的妻子苏珊！她为巴菲特做了这一生中最重要的一次投资抉择——投资自己，而不是投资一套房子。假如当年苏珊选择的是买房子，估计巴菲特的一辈子就毁了。因为就算是股神这样的天才，也需要有十年左右的时间来发展自己啊。从长远发展的角度来看，一套房子就能消灭一个巴菲特。

# 买房的决定

小松和小志是大学的同班同学，毕业后在同一家企业就职。两年后，他们月收入都是5000，现在他们开始思考买房子的事情。正好单位班车途经的远郊有一个两室一厅在待售，价钱合理，交完首付每月只需还贷3000元左右。小松和小志的家庭都能为他们交首付，两人考虑过后，小松决定买房，而小志决定拿钱投资自己。

半年之后，小松和小志的收入分配有很大的差异。小松开始每天坐班车上班，而小志在单位附近花千元租了一间房子。减去日常开销，小松的每个月只剩 300 元节余，而小志每月都能攒下 2000 元。

小松每个月手里只剩 300 元，他小心翼翼地避开所有的大额消费，放弃所有的出游活动。他心里想，反正我有房子了，熬一熬就能挺过去的！小志则是把更多的钱花在自己身上，他认为这个时期投资职业才是最重要的。他报名参加能力培训班并开始考各种证书，也向经理要了一个书单，购买自己需要的书。同时，他还拿出一部分钱来做活动基金，因为他明白，在课程中结识人脉的收获通常和课程一样重要，而人脉需要持续的活动来维系。

小志的投资很快就得到了收益。他的简历上平均每年都会稳定地增加一个认证，他的能力也越来越强，越来越多的机遇降临到他的身上。他结识的朋友每年是小松的 10 倍还多，这让他拥有一些各行各业的朋友，他成为公司资源的中心，甚至有时候上头需要什么渠道，都会问他一声。他还在准备读工商管理硕士，为以后跳槽做准备。当然小松也不是没有努力，为了自己的房贷，他也很卖命地工作。只是他逐渐意识到给自己充电真的很重要，通常自己一个多月收获的工作心得，小志课堂上一句话就听到了。无奈囊中羞涩，他没有能力投入。而且自己精力也不足，因为房子离公司很远，每天回到家都已经快 10 点了。稍微休息一下就该睡觉了。小志由于拥有充足的知识储备和优质的人脉，升职加薪的速度几乎是小松的两倍。

10 年过去了，如今小志和小松都有了新的发展。小松在原来的公司做到了经理，年薪大概 20 万。而小志仅用 5 年的时间就升到了经理，然后跳到了另外一家企业，从经理做到了总监，之后和几个朋友开始一起创业，有股份分成，年薪大概 65 万。

从职业发展的角度来说，一个成功的职场人，10年后一个月的收入是10年前一年的收入的10倍。现在小松的房贷快还清了，然而小志一年的收入是他的3倍多，未来的平台和前景完全不可同日而语。

小志和小松之间巨大的差异不仅是由于买房造成的，另一个重大差异是，在这期间，小志做了两次重要的跳槽选择，小志很清楚，在这个千变万化的社会里，期待一个公司或者行业连续10年都有最快的发展是不现实的，自我的快速发展也需要通过调整职业方向来实现。而小松则不能冒这样的险—因为他的房贷让他无法做出任何的职业变动。

简单来说，假如你有一份月薪5000元的工作，用20年的贷款买了一栋最普通的房子。那么在接下来的10年时间中，在我们拥有最旺盛的学习力和拼劲的时期，在我们最需要选择自己适合的职业方向，最有机会开始尝试创业的年代，大部分购房者永远与这些机会无缘相见。这些过早的购房者几乎和创业、跳槽、快速升值无关。

从工作发展来看，一套房子消灭一个梦想。我们简要翻阅国内大部分创业者的成功历程，发觉他们都在最适合开始创业的年代，选择创业，而不是买房。

1998年马化腾等5人凑了50万，创办腾讯，没买房；1998年史玉柱向朋友借了50万搞脑白金，没买房；1999年漂在广州的丁磊用50万创办网易，没买房；1999年陈天桥炒股赚了50万，创办盛大，没买房；1999年马云团队凑齐了50万，注册阿里巴巴，没买房。他们的成功不是由买房来决定的。

回头看这群过早的购房者，他们花掉了自己未来10年转换工作跑道和创业的机会，放弃了年薪高3倍的机会，他们买回来的究竟是什么呢？

他们买到的，其实是自己内心深处的"安全感"。他们对自己的能力没有信心，于是认为有一套房子就能让自己内心觉得安全。毕竟，在这个大城市，有一个栖身之所，会让人觉得心里踏实。他们购买的其实是一种莫名其妙的心智障碍，一种对自己能力的深深自卑。

但是安全感真的可以来自于一套房子吗？在这个日益动荡的社会，在这个跌跌撞撞从国有体制加速进入信息时代的社会，我们的安全感真的可以从一件物品中获取吗？假设房子真的可以换回来安全感，但是出卖自己的梦想作为交换也太不值得了。

# 第二节　理想 pk 安全感，谁主沉浮

人们常认为，理想就是实现某些物质利益，比如金钱、名誉，或者地位，有了这些东西仿佛就有了安全感。有些人认为自己赚够了钱之后，说了声"再见"就去享受他的环球之旅了。然而几个月之后，他发现自己当时的决定是错的，他虽然不用为温饱担忧，但并不快乐。因为真正的快乐来自于工作的过程，而不是由它获得的报酬。

## 没有安全感的小马

小马是一个小城市的老师，他的周围，人们都有个工资不高但是稳定的职位，结婚生孩子，然后守着微薄的薪水到退休，小马害怕自己会和他们一样。小马想过去城市里面工作，但是又害怕在城里面没有好的发展。小马曾经想过通过考研来摆脱现在的

生活，但是如果复习一年又落榜怎么办？小马还想过，实在不行，就谈一段恋爱结婚算了，但是又害怕另一半成为自己未来发展的障碍……小马陷入了深深的迷惘。

你一定也有过这种感受，自己陷入那种似乎什么都有一点可能，然而又什么都做不到的恐惧。自己突然很渺小，禁不起任何的挫败。世界很大，自己却没有力量去任何地方，那是一种似乎被什么东西囚禁住的感觉。这个时候多希望能有一个权威的声音说："去吧！你一定能够成功！"但是没有任何人会这样说。职业规划师们也不会这样说，他们明白，这不是一个职业规划的问题，而是一个心理问题——就算他们找到最优化的职业路线，这个人还是会继续和自己玩"是的，但是……"的游戏。这种人被自己关进安全感的牢笼，心甘情愿地成为安全感的奴隶。

安全感是一个力量强大的主人，他用一个隐形的牢房来囚禁他的奴隶们，这个房间用恐惧做墙，用恶毒的信念做水泥。看看上面故事里的小马：他既害怕枯燥，又害怕找不到工作，害怕考研，又害怕爱情。仅仅因为四个恐惧，小马就把自己隔绝在有意义的生活、考研、工作和爱情之外，被安全感囚禁的人就这样被隐性的墙隔绝于世界，哪里都去不了。

由于职业和实现理想息息相关，所以选择职业是一辈子最重要的选择之一。在职业选择中，特别是对年轻人来说，考虑一份职业将来的价值，远远重要过考虑它当下的价值。

大学生为什么就业难？其实就业不算难，难的是很多人非要找对口的专业。最常见的理由就是"不能浪费了自己学了四年的专业"，这群人从来没有思考过：什么才是真正意义上的浪费？假如在一个不适合你的专业领域工作，你完全没可能发展到优秀的职业水平。那么，究竟是浪费你大学四年的专业学习时间，还是浪费你将来30年的职业生涯？

4 年和 30 年相比，到底谁在浪费？一份适合你的工作的未来价值，远远要比你现在的专业重要。

刚刚毕业几年的职场新人，往往会热衷于工资比较高的工作。刚毕业的时候，一个班上的同学会自动按照找到的工作薪酬分为三六九等。那些起薪高的同学，说话的声音都不自觉地大了几分贝。而那些起薪低的同学则自觉地小声讲话，靠边走路。等到毕业 10 年之后，同学会上回顾过去，才会意识到当初自己对价值的判断有多愚蠢。因为，决定人们未来 10 年后成就的完全不是工作的起薪，而是工作的平台、发展机会或者是眼界——这才是一份工作对于人的未来价值，而起薪是最没必要看重的东西。就算两个同学起薪差再多，也不过几千元而已。但是任何一个人在职业岗位上，如果有好的平台，学习的机会或者提升的空间，只要找好一个项目，做对一件事情，这几千元就会马上赚回来。那些十年前真正看到工作未来价值的人，在这场竞赛中遥遥领先，因为他们当时看到的，是工作中那些在未来有价值的东西。

# 高薪不等于职业理想

有一个理工科毕业的学生，毕业后想申请出国深造。他的本科学校不太有名，分数也不高，没有好学校录取他，他最后只申请到一所英国的普通大学。他面临两个选择：第一，自己家里掏钱去英国读一年；第二，有一个重要的国家机电项目，正好分到了他的老师身上，老师希望他加入进来。可是项目的工资不高，只有 2000 元。他很是发愁，这个工资低得让人难以接受。去不去留学？去的话，父母亲大半辈子的积蓄都会搭进去。究竟去英国读值不值得？于是他找学长商量。

学长建议他，大型的国家科研项目是非常有未来价值的东西，赔钱都要参加！凑巧他的家人为他借钱出国，资金没有存够6个月，也没有办法去英国，他也就半推半就地从了。两年后，他获得国家级项目经验，获得了自己的教授以及一家著名企业董事长的亲笔推荐信。他凭这个获得了美国一所大学的double全奖，两年奖学金共6万美金，当时相当于人民币48万。临走前他请学长吃饭，学长问他现在工资多少？他说："不多，一个月只有2500元。"学长："说你的两年工作经验换到了名校奖学金。你帮我算算这两年你每个月赚多少？"他算了一下就笑了，工作两年，奖学金48万，平均每个月20000元。学长说："你还嫌工资少吗？"月薪20000的他摇摇头，笑了。

在确立职业理想时要考虑到这个前提，高薪并不等于职业理想。我们生命的价值不在于赚多少钱，而在于做了多么有意义的工作。还有一些研究告诉我们，那些追求理想的人，在多年以后比那些只追求金钱的人会赚到更多钱。

平台、资源、眼界、机会、好老板、失败的经验，这都是未来会升值的筹码，年轻的时候，就算牺牲点儿别的什么唾手可得的利益，也要购买这些东西，它们会在未来的时间里面增值百倍。比起那份安全感，未来的发展、实现个人价值才是更重要的。

# 手里的水杯

在一次职业规划师的交流会上，一位教授问了在座所有人一个问题，如果一个人手里拿着一个水杯，他下一步最好该去做什

活

法

的

优

化

么？有人回答说应该去装水，有人回答说应该分享给别人，还有人说应该分析自己，用最好的方法来利用水……教授最后告诉大家，一个人手里拿着水杯，他应该去做自己想做的事情，和水杯没有什么必然的关系。

我们每一个人的心里都有一个这样的水杯。我们害怕失去而目不转睛地盯着这个杯子，限制我们的眼界，僵化我们的思想，妨碍我们看到真正有价值的事情。有些人的水杯叫作专业，有些人的叫作感情，还有人的杯子叫"安逸的好工作"，你的杯子叫什么呢？无论如何，请你记得，不要为一个安全的水杯而约束你真心想要追寻的理想！

# 第三节　究竟是谁窃取了我们的安全感

美国著名人本主义心理学家马斯洛则认为，安全感是决定心理健康的最重要因素，是生存的基础。婴儿贪恋母亲的怀抱、中年人渴望事业蒸蒸日上、老人梦想儿孙绕膝的生活……人的一生，就是不断寻找安全感的过程。缺乏安全感的人，常会感到自己受到威胁，觉得世界不公平，进而产生一系列心理问题。

很多人衣食不愁，过着舒适的生活，却一直找不到安全感，怎样才能获得内心的安全感呢？我们可以看一则真实的故事。

# 安全感是通过努力争取来的

故事的主人公名叫刘丽，是厦门一家洗脚城的洗脚妹。她只念到高中，家里很穷，老家在安徽的农村，有两个弟弟、两个妹妹。刘丽每天工作12个小时，一个月赚两三千元。她长得并不漂亮，也没有什么积蓄，从事着一份越老越吃力的职业。总之，从理论上来说，她应该是全世界最没有安全感的女人。

然而就是这个洗脚妹，7年来每个月除了自己几百块的生活费，其余的钱全部资助了100多名贫困中小学生。这些钱用来在厦门买一套小户型的首付已经绰绰有余了。为了赚钱，她会不分昼夜地加班，然而每个月总有两天，她会请假坐公交车去探望受助的学生，帮助他们解决各种生活难题。她还是一名公益爱心组织的发起人，她建了3个QQ群，和数百位志同道合的爱心人士一起进行助学活动。她13岁时，由于家里贫困辍学打工，深知学习可以改变命运。如今，她也是一名学生，她报名了远程教育，攻读工商管理大专专业。

刚刚开始做洗脚妹的时候，刘丽自己都不太能接受这个身份。她从小到大都是年级第一名，想不到出来工作就是去按别人的臭脚丫子。第一个月的工资是1800元钱，刘丽把1500元寄了给家人，希望父母亲可以宽裕一些。却受到了父母亲的指责："村里面有人说你出去做妓女赚钱，是不是真的？"刘丽不愿告诉他们真相，告诉他们也不会理解，刘丽只好骗他们说："我在服装厂工作。"

洗脚城里鱼龙混杂，这个20岁的女孩子必须学会每天面对一些突发的恶意，应付着家人的猜忌，每月给家人寄去大部分的生活费，供弟弟妹妹读书。两年过去，她的家境慢慢好转，家里盖起了房子，弟弟妹妹也开始念书。但是就在那年春节回家时，刘丽的父母因为女儿的"不光彩"工作，居然把她赶了出来，这让刘丽彻底崩溃了。不管在外面怎样吃苦受罪，她都可以接受，因为自己还有一个家，家里人需要自己。可是听到爸妈这些话的时候，刘丽真的连死的心都有了。她感到的不是委屈，而是绝望。刘丽想到了自杀，她准备好了水果刀，却迟迟没有刺下去。

不知道是怎样的一转念，刘丽在那一瞬间下定决心，她在接下来的7年也无数次地感谢这个决心，正是这个决心让她完全成为生命的主人："我还不能死，我弟弟妹妹还要读书。我要让村里面出两个大学生。"刘丽放下刀，抬起头，转而走上了另外一条道路。从2001年开始，她联系了家乡里家庭穷困的孩子，她开始收集衣服，攒钱，一开始是自己村里面的，后来慢慢扩展到厦门的孩子，一直到今天，她都尽自己的力量，坚定地给予很多孩子改变命运的机会。

在接受采访的时候，记者问她："你是怎么萌生这份爱意的？"刘丽讲了这样一个故事。

"我在念小学的时候拿到了年级第一名。我要到讲台上去面对整个年级讲话，那是我一生中最自豪的时候。但是我很恐惧，因为我没有鞋子穿。我穿了一只我姥姥的鞋子，还穿了一只隔壁姥姥的鞋子，一只蓝色的，一只绿色的。但是我没有勇气打赤脚上台。我很害怕别人看到我穿的那双不一样的鞋子。可是无论如何，我还是穿上了鞋子，我站上去了。我要把这样的恩情延续下去。"

刘丽不施粉黛，看起来宁静而幸福。她说："我要赚很多很多的钱，让村里读不起书的孩子都能上学，我们牵着手，走自己的路，让别人说去吧。"

这是怎样的一种坚强与坦荡啊！在刘丽的心里，需要多么强大的安全感啊！看了刘丽的故事，你会想到什么？你有没有注意到，我们生命中的安全感是怎样获得和建立起来的呢？

## 用帮助传递安全感

安全感并不是从别人身上索取什么，而是在内心深处有一种被需要的感觉。安全感不是从别人身上拿到些什么，而是为这个世界付出些什么。安全感是给出来的，而不是要回来的。

那些把自己关在心房里，整天算计别人的人；那些躲在屋子里，整天等待别人拯救的人；那些躺在优越的物质条件之上，惶恐不安担心失去的人。那些内心没有安全感的人，能够做些什么呢？

刘丽由于家庭需要她而觉得安全，又由于家庭排斥她而失去这份安全。在准备自杀的那一瞬间，她找到了更大的生存目标："我要通过自己的努力，让村里出两个大学生，把这份恩情延续下去。"在这一瞬间，刘丽重新找回了内心的安全和宁静。正是这样一种给予的力量，让这个普通女人拥有了那种云淡风轻的安全与从容。

假如你真的是一个没有安全感的人，你可以做得最好的事情，就是在自己最恐惧的地方，无条件地去帮助一个人、一些人、一群人。帮助别人是这个世界上最安全的事情，永远也不会失败。

或许正是由于这个原因，美国著名主持人奥普拉在 2008 年斯坦福的毕业典礼上说："如果你受了伤，你要帮助他人减轻伤痛；如果你感到痛苦，你就要帮助他人减轻痛苦；如果你的生活一团糟，让自己去帮助其他处在困境中的人摆脱困境。"请你一定记得，安全感是通过给予得来的，而不是拿回来的。

# 第四节　人生中最美好的事物，
　　　　其实都是免费的

　　"其实，人生中最美好的事物，都是免费的。"这话在很久以前苏东坡已经说过了，他在《赤壁赋》里说："唯江上之清风，与山间之明月，耳得之而为声，目遇之而成色。取之不尽，用之不竭。此造物者之无尽藏也。"清风明月是最美好的事物，然而都是免费的。

　　"大漠孤烟直，长河落日圆。""鸡声茅店月，人迹板桥霜。"这些事物都无须付现或是刷卡，就能欣赏到。现在如果外出旅游，去哪儿都要钱，四处是检票处的栅栏，这景点的栅栏就是像是给美景戴上了镣铐。究竟是现代人花 50 元钱看雁荡山风景美，还是徐霞客当年游览雁荡山的风景美？苏东坡如果在赤壁花了十两银子的门票费，闲适自在的心情就荡然无存了，还写得出《赤壁赋》吗？

## 美好时刻

　　美国著名作家格拉迪·贝尔 8 岁那年，在一个春天的晚上，他突然醒了，睁开双眼，看见房间里洒满了月光，周围静悄悄的，一点儿声音也没有。温暖的空气中洋溢着梨花和忍冬树丛发出的清香。

　　他走下床，踮着脚轻轻地走出房门，这时他的母亲正坐在门廊的石阶上，她抬起头，见到了贝尔，笑了笑，拉他坐在她身边。

附近的屋子都熄了灯，整个乡村万籁俱寂，月光是那么的温柔、明亮。在远处，大约1.6千米外的那片森林黑压压地展现在他们的眼前。那只看门狗在草坪上朝他们走来，满足地躺在他们脚下，伸展了一下身体，把头枕在母亲外衣的衣角上。他们就这样坐了很久很久，谁都没有说话。

然而，在那片黑压压的森林里却并不那么宁静——负鼠、金花鼠、小松鼠和野兔子，它们都在那儿欢笑、蹦跳，还有那田野里，那花园的阴影处，花草树木都在静静地生长。

那些白的梨花，红的桃花，很快就会飘散凋零，留下的将是初结的果实。那青青的瓜藤，绽放着南瓜似的花朵，花朵里满是蜜糖，等待着清晨蜜蜂的光临，但是过不了多久，看见的将是一个个甜瓜，而不再是这些花朵了。还有那些野李子树也会长出滚圆的、灯笼似的野李子，野李子又酸又甜，都是因为太阳的照射和风吹雨打。在这无边无际的宁静中，生命——这种神秘的东西，它既听不见，也摸不到。只有大自然那无所不能、温柔和顺的手在抚弄着它——正在活动着，它在壮大，它在生长。

一个8岁的孩子当然不会想到那么多，他也许还不知道自己正沉浸在这片宁静中难以自拔。但是，当他听见一只鸟在月光下婉转歌唱时，他心里有一种说不出的高兴；当他看见一颗星星挂在雪松的树梢上时，他也被迷住了；当他的手触到母亲的手臂时，他感到自己是那么安全，那么舒适。

**这个故事告诉我们：生命在活动，地球在旋转，江河在奔流，在我们的一生中，总有许多最美好的时刻。只要我们用眼睛去看，用心去体会，就一定能发现这些美好的事物，而这些美好的事物都是免费的。**

人生是有刻度的线段，感悟力是人生的一根射线，所谓人生就是从两眼之间，心口之中，脑海里面，萌生出的一种心电感悟力。

觉悟与悟性决定一个人在有刻度的线段中可以画出更美妙、璀璨的生活味道。

所以，很多时候我们身处美好的事物中间，由于感悟力的缺失，让我们察觉不到这当中的幸福。

# 人生最美好的东西

一天，年幼的杰克对上帝说："我想了很长时间，我知道自己长大后需要什么。"

"你需要什么？"上帝问。

"我要住在一幢前面有门廊的大房子里，门前有两尊圣伯纳德的雕像，并有一个带后门的花园。我要娶一个美丽而高雅的女子为妻，她的性情温和，长着一头黑黑的长发，有一双蓝色的大眼睛，会弹钢琴，有着清亮的嗓音。"杰克回答。

"我要有两个强壮的男孩，我们可以一起踢球。他们长大后，一个当艺术家，一个当科学家。我要成为登山、航海的冒险家，并在途中救助许多人。我要有一辆红色的法拉利汽车，而且永远不要搭送别人。"杰克继续说。

"听起来真是个美妙的梦想。"上帝说，"但愿你的梦想能够实现。"

后来，有一次踢球时，杰克磕坏了膝盖，从此他再也不能登山、爬树，更不要说去航海了，因此他学了商业经营管理，而后经营医疗设备。

长大后，杰克娶了一位温柔美丽的女孩，她长着长长的、黑黑的头发，可她并不高，眼睛不是蓝色的而是褐色的，她不会弹吉他，甚至不会唱歌，然而她画得一手好花鸟画，做得一手好菜。由于要照顾生意，杰克住在市中心的高楼大厦里，从那儿可以看到闪烁的灯光和蓝蓝的大海，他的屋门前没有圣伯纳德的雕像，但他却养着一只长毛猫。

他有3个非常漂亮的女儿，坐在轮椅中的小女儿是最可爱的一个，3个女儿都非常爱她们的父亲，她们虽不能陪父亲踢球，但有时他们会一起去公园玩飞盘，而小女儿就坐在旁边的树下弹吉他，唱着动听而久萦于心的歌曲。

杰克过着舒适、富足的生活，可他却没有红色法拉利。有时他还要取送货物，甚至有些货物并不是他的。

有一天早上醒来，杰克记起了多年前自己的梦想。

"我非常难过"，他对周围的人不停地诉说，抱怨他的梦想没能实现。他越说越难过，认为现在的这一切都是上帝同他开的玩笑；妻子、朋友们的劝说，他一句也听不进去。

最后，杰克终于悲伤得病倒，以致于住进了医院。一天夜里所有人都回了家，病房中只留下护士。他对上帝说："还记得我是个小男孩时，对你讲述过我的梦想吗？"

"那是个非常可爱的梦想。"上帝说。

"那么，你为什么不让我实现我的梦想？"他问。

"你已经实现了，"上帝说，"只是我想给你一个惊喜，给你一些你没有想到的东西。我想你会注意到我给你的东西：一份好工作，一位温柔美丽的妻子，一处舒适的住所，三个可爱的女儿——这是个多么完美的组合。"

"是的，"他打断了上帝的话，"但我以为你会把我真正希望得到的东西给我。"

"我也以为你会把我真正希望的做到。"上帝说。

"你希望什么？"他问，他从没想到上帝会希望他做什么。

"我希望你不要错过人生中最美好的东西。"上帝说。

杰克在黑暗中静想了一夜，他决定要有一个新的梦想，他要让自己梦想的东西恰恰就是他现在拥有的最美好的东西。

其实，人生有一些极美极珍贵的东西，只是我们没有注意到而已，就像故事中的杰克一样。如果我们不好好留下和把握，便常常会失之交臂，甚至一生难得再遇、再求。

随着年龄的增长，人们越来越没有时间去寻求生命中的惊奇和美丽了，他们只在乎地位、权力和财富。大多数人为了不落人后，已经花去了自己大部分的精力和时间，非常遗憾，他们已经没有什么闲情逸致来看路边的风景了，他们只是忙着赶赴目的地。等到他们到达目的地时，才会发现人生最美好的东西，都在不经意间被自己错过了。

## 海边的美景

有一对非常富有的夫妻，他们整天忙着做生意。在他们有钱后，仍然停不下来。毕竟，人的欲望是永无止境的。他们在海边购买了一套四面环海的别墅，并请了一个保姆为他们打理家务，可他们从来都是早出晚归，他们的保姆才像是家里的主人——早上享用过早餐后，就躺在天台上享受海边的风景，中午小睡一会儿，到了傍晚吃过晚饭后，带着小狗到沙滩上去散步，但真正的主人却一刻都没有享受过这海边的美景，因为他们实在是太累了，一回家就爬到床上睡觉，他们的眼里只有钱，他们已经停不下来了。

人生的旅程就像坐火车一样，通往同一个终点，但一路上有的人欢声笑语，有的人闷头入睡，有的人埋首读书，有的人玩起了游戏，有的人欣赏沿途的风景。到了终点站，相信每个人的感受都不同，有的人说无聊死了，有的人说太累了，有的人说路上的风景太美了。很显然，收获最多，心情最愉快的还是一路上欣赏风景的那群人。人生苦短，我们为什么要用一生的时间周旋于名利之间，而错过沿途的美景呢？

人生目标固然重要，然而在岁月流逝的过程中，放慢我们匆忙的脚步，在生活中去细细体会心灵的温馨，去关爱人生和世界的美好。生命，不是匆匆地老去；生命，在于用心灵憧憬和品味。

除了良辰美景，人生中还有很多美好的事物，可贵却可以免费获得。家人对我们的爱是免费的，任何时候都无条件地守护着我们；朋友之间的友爱也是免费的，一个拥抱或一个眼神就能传递我们的情感；纯真的爱情也是免费的，那种甜蜜的幸福感是金钱买不到的；在床上舒舒服服地睡上一觉也是免费的，掏空钱包也买不到充分休息后的满足感；微笑也是免费的，那些自然流露的善意是钱换不来的感动。

其实，你大可以留下一点时间给自己，来欣赏一下人生路上的美好风景。人生路上所有的东西，不会因你的担忧而失去，也不会因你的期待而成真，不要在不经意间，错过人生最美好的东西。

# 第五节　怎样提高我们的安全感

养鸟的专家说，假如抓回来的小鸟野性太足，千万不能一下子关起来。首先要把小鸟关在一个软的网里，让小鸟休息不了，也撞不死自己。当小鸟精疲力竭地掉在网底的时候，慢慢地开始给它一些食物，假如还是不从，就放弃驯养。然而大多数的鸟儿都会被食物吸引，逐渐开始进食。等到一个多月后，这种小鸟就算飞走，还会自己飞回来，否则就会死在某个地方，因为它们已经被植入一个信念：我依靠自己是无法生存下去的。这个道理对人同样适用。

# 轻易获得的安全感

小杰以前在北京租下一个两室一厅，有一间屋子总是空着。他喜欢热闹，所以除了自己以外，任何来北漂的朋友或同学，小杰都欢迎他们免费住在那间屋里。住在那间屋子里可以全天上网，冰箱里的食品也可以随意吃，几乎是零成本漂在北京。在小杰的热情招待下，这个房间前后搬进来过5个人。

后来小杰搬家，和朋友在一起一聊才发现，这5个人在这间屋子期间都没有太好的发展，他们其中的3个人找不到合适的工作，还有一个人黯然回乡。朋友开玩笑说，这个房子可能风水不太好。小杰心里明白：这些人不是没有能力奋斗，而是感觉太安全了。住在这里不愁吃住，精神愉快——既然安全感可以这样轻易获得，那他们还有什么理由自己去努力争取呢？就算再努力，也不及现在的生活舒服。

孟子说："生于忧患，死于安乐。"如果想害一个人，那就让他感到恐惧，失去自信。给他提供一种不用努力就可以得到的安全感，这实在是太有效了。远离那些让你容易获得安全感的事情，包括一对过于呵护你的父母，一张可以随意刷的卡、一个不会犯错的任务和一个提前养老的工作，那将会把你驯化成安全感的奴隶。

要提高我们的安全感，首先要远离一些具有负面力量的事物，尽量不看那些凄惨的电影、低俗的电视剧和惨淡的杂志，也不要和一些没有安全感的人待在一起。他们就像垃圾车一样，心里充满恐惧的信念。多和那些简单快乐的人来往，多看那些明快的电影和书籍，做一些让自己感到快乐的事情。沐浴在阳光里，就能逐渐把黑暗驱走。

然后，我们可以为自己做一个恐惧保险箱。恐惧实际上不是坏事，有些危机意识可以更好地保护自己。在远古，一个对冬天有担忧的山顶洞里的父亲，在冬天会搜集更多的食物；一个对经济有担忧的母亲会储存更多的钱。恐惧是必需的、有益的，除非它阻碍我们创造更多的可能性。

我们天性对恐惧的事情历历在目，以至于被它奴役。下面的方法可以很好地掌控这种本能，为自己做一个恐惧保险箱。

◇把你认为最恐惧的事情详细写在一张纸上，至少要写10条，并且写得尽量的具体一些，要到绞尽脑汁也想不出来更多为止！

◇找一个信任的人或是一个很安全的地方，作为你的恐惧保险箱。把这张纸叠好放到这个地方，保证没有其他人知道。

◇对自己说，我恐惧的事情有发生的可能，但是我要去做我自己的事情，所以我要先把我的恐惧安全地存在这里，等我做完以后，我会再回来取走我的恐惧。

◇这个时候你心里会感到舒服很多，然后大胆地去做吧！

◇做完之后，回到你的保险箱，看看有多少害怕的事情发生了，有多少没有发生？

## 用成功日志来提高安全感

还有一个提高安全感的方法，就是给自己做一个成功日志。安全感的缺失和自信不足有很大的关系，正是因为不自信，才有了恐惧的感觉。

成功日志可以是一本书，可以是一些短信，也可以是一个邮箱。总之，找出几个让你觉得自己真的很不错的地方，记录下来。当你感到沮丧或恐惧的时候，翻开成功日志给自己充电吧。

打工皇帝唐骏有一个成功日志，他曾经谈到让自己保持良好状态的秘诀：每当自己情绪低落，他都会打开自己的一个邮箱，里面存着他的同事、客户、家人、朋友发给他的让他振奋的信，每次看过这些信，他的信心就会重新坚定起来。这其实就是他的成功日志。

归根结底，安全感的核心就是你的自信。成功日志就是一个启动自信的方式——每天记得告诉自己，我究竟有多棒！

你可以拿一个空本子或者日记本，给它取名为"成功日记"，然后把你所有做成功的事情记录进去。你最好每天都坚持做这件事，每天最少写 5 条你个人的成果，任何小事都可以。开始的时候或许你觉得有点儿难。当你问自己，这件或那件事是不是真的可以算成"成果"。在这种情况下，你永远要做出肯定的回答，过于自信比不够自信要好得多。

如果你对自己的能力多一份自信的话，做事情的时候就会简单得多。困难总会不时地出现。就算如此，你要每天不间断地去做对你未来意义重要的事情。你为此耗费的时间用不了 10 分钟，但就是这 10 分钟会让一切变得不凡。大多数人总是在现有的水平上停留不前，就是由于他们没有拿出这 10 分钟。他们总是期望情况能向有利于自己的方向转变，然而他们忽略了一点，那就是，他们必须改变自己。

这 10 分钟就是你用来改变自己的最佳方法。你最好现在大声对天发誓，从现在开始，不间断地记录你的成功日志，并且不断地畅想你的

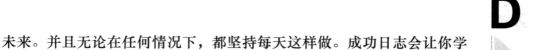

未来。并且无论在任何情况下，都坚持每天这样做。成功日志会让你学到很多东西，你可以不单单写自己取得的成绩，还有取得成绩后的感受，比如发现自己很勇敢，即使当时害怕也无妨。勇敢的人也会感到恐惧，一个人即使恐惧但仍然前进，这才叫真正的勇敢。

提高安全感的最后一招，也是最有效的一招，就是找到你自己的恐惧底线，接着去面对它。

恐惧有三个层次：第一个层次是恐惧的事物本身；第二层恐惧是害怕失去背后的价值；第三层也就是真正的恐惧，是你认为自己没有能力去应对这个失去。比如说许多人不敢公众演讲，这是第一个层次；第二个层次你会发现，自己真正害怕的不是公众演讲，而是怕自己讲得不好；但是在最深的低处，真正的恐惧不是讲得不好，而是自己没有能力面对自己讲得不好的状况，那才是内心深处的不自信和恐惧。

# 分析恐惧层次，找到自己的恐惧底线

一位讲师第二天要到公司总部当众演讲，其实这位讲师相当优秀，在分公司是首席加主讲。但是一想到明天要面对总公司的培训师们，他就心里发慌，觉得自己怎么讲都会讲砸。他吓得去看了心理医生，问有没有什么好的方法确保明天的演讲成功。

心理医生根据恐惧层次分析：

恐惧的第一层次：这个人害怕公众演讲；

恐惧的第二层次：这个人不是害怕公众演讲，而是害怕不被总公司的培训师们认同；

恐惧的最深层次：他也不是害怕不被培训师们认同，而是害怕自己面对不了不被认同的情况……他不敢想在分公司里评价最高的自己会被点评说：你其实很普通。

心理医生试探了一下他恐惧的底线："如果你真的明天被培训师们一通狂批，你会怎么办？"

他想了想说："其实没什么大不了，他们的批评也不一定完全正确，这其实也是我的一个学习机会啊。"

医生说："你不用这么理智，这不是你真正的想法。你内心的那句话是什么呢？"

他想了想说："我其实想说，我就这个水平，还是我们公司的第一名，你们爱听不听！"

"很好，"医生说，"你现在就出门，大喊三声'我是我们公司的第一名'。明天上台前，再大喊三次，你就不害怕了。"

第二天的演讲现场，培训师评委们都被这个老师进场前的"我是我们公司的第一名"吓到，也被他的精彩演讲震撼了。

**恐惧就是这样一个胆小鬼，当你触及它的底线，接受事情最坏的结果，接着开始准备和它大干一场的时候，它早就不知道躲到哪里去了。**

# 面对内心最深的恐惧

2008 年 5 月，小黄在汶川当志愿者，遇到这样的一个女孩。她的教室从六楼塌到一楼，她从教室的废墟里面爬出来，扒开碎砖石出来了。在从废墟上往下跳的时候，她知道下面还压着她的许多同学。

得救以后，她总是被一个梦境所干扰：她的同学从土里伸出手来，抓住她的脚，质问她："你为什么不救我？为什么踏着我的尸体离开？"她晚上不敢睡觉，不敢穿凉鞋，甚至不敢去有土壤的地方。她有一个巨大的恐惧必须面对。

　　一天晚上，小黄牵着她的手到操场上，然后问她："如果有鬼伸手出来抓你，你会怎么办？"

　　她说："我会吓得倒在地上，动也不敢动。"

　　小黄说："如果是有鬼抓住我呢？"

　　她想了一会儿，说，"我可能会拉你。"

　　小黄说："你试试看。"

　　于是她开始拉小黄，但是小黄扛着没有被拉动。

　　"如果拉不动呢？"小黄问。

　　她想了想说："我会去踢他们的手，不要去抓我的小黄哥哥。"

　　小黄说："你试试看。"

　　她真的一脚踢来，踢在小黄的脚踝上。小黄痛得很，但是抬头看到女孩眼里面坚定，小黄知道她的问题解决了。


　　当这个女孩开始敢去面对被鬼抓到，而且踢"那只手"的时候，她的恐惧已经云消雾散了。当你找到内心最深的恐惧，只要面对它，准备作战，恐惧就会烟消云散。

　　你有没有被逼到命运的悬崖边？有没有试过触碰想想都害怕的恐惧底线？那一瞬间你会怎么问自己？当你没有安全感，内心被恐惧占据的时候，问自己两个问题：如果我失败了，换成别人面对这样的情况，会怎么做？既然这样，为什么我不这样去做呢？

# 第 3 章

## 烦恼，是我们活着的证明

　　生命如同逝去的流水，若流淌在平坦的河床，水势必定平直，唯有迎向暗礁，生命之水才会激起灿烂的浪花。人们都希望自己成为生活的强者，但通往强者的路上永远有苦难等待在那里。苦难使人生受到考验，苦难使人奋勇搏击。

　　苦难是福，顺境中人们看到的是鲜花和笑脸，喜欢喜悦浸润的心灵，往往经受不起太大的打击和负荷，迎向苦难，虽处逆境，但可使人尝遍人间酸甜苦辣，感受人间的世态炎凉。每经历一次苦难，就更多一层对生活的领悟，更了解人生的真谛。

# 第一节　内心不渴望的东西，不可能靠近自己

## 渴望影响一个人前进的步伐

一个人可以实现的只有他内心渴望的东西。一个人如果想法错误，不但徒劳无功，甚至会起反作用。有的人思考问题的方式很消极，这往往会带来消极的结果，内心的渴望会逐渐形成现实中的人生。想要做好一件事情，最先应该想到自己要这样做或那样做，而且愿意付出比其他任何人都强烈，甚至粉身碎骨的热情，这是最为重要的。

具备一样的能力，做出同样程度的努力，有的人可以成功，有的人却以失败告终，究竟是为什么呢？人们通常很容易把原因归结于命运、运气，实际上主要是由于愿望的大小、高度、深度、热度的差别而造成的。能够描绘出自我成功后样子的人，其成功的概率要更高。

不管眼界多高，也必须就就业业。无论梦想和愿望有多么高远，现实中的每一天都要不遗余力且踏实地重复简单的工作。为了继续昨日的工作，不得不挥洒汗水，一点一点地前进，把横在眼前的难题一个个解决掉，时间就这样在看似微乎其微的琐事中度过了。

相信很多在童年时期遭受过家庭暴力的人，都对家庭暴力很厌恶和抗拒，但是你可能不知道，有时候由于家庭暴力这个概念存在于你的意

识中，你越是抗拒，你所抗拒的情景就越是可能出现。

这是一位从小在父亲拳打脚踢的阴影下长大，看上去既温柔聪慧又干练的女人。她是小有地位的公务员，但却经常鼻青脸肿地去上班。原来，她的老公很暴力，经常打她。她受不了，离婚了，可第二任老公还是这样。40岁左右时，她再一次离婚。

这时，她对男人不抱希望了，想单身下去，因为在她眼里"男人没有一个是好东西"。不过，有一个男子倾慕她很多年了，并对她锲而不舍，而且这个男人没有暴力史，别说打女人，就连和女人吵架都没有做过。既爱自己，又是好男人，那还有什么可挑剔的？于是她心动了，嫁给了他。可刚结婚一个星期，她就给她的几个朋友打电话哭诉，说她又被家暴了。朋友们赶过来，自然对男人一通指责：你又不是不知道她多可怜，你又说爱她，那为什么这样对待你心爱的女人……这次来的朋友中有一位心理医生，她没有加入斥责男人的队伍，而是问："你们究竟发生了什么事，请告诉我细节。"原来，两人先是吵架，吵着吵着，女人对男人说："你是不是想揍我了，就像我爸爸打我妈妈一样？"男人回答说："怎么可能，我从来不打女人，今天能和你吵成这样，我都觉得稀奇。"女人不信，说："你就是想打我了，你打啊打啊，你不打就不是男人！"她歇斯底里地一直重复这句话，男人忽然脑子里一片空白，一巴掌打了过去。

男子挥巴掌前的那一刻，发生了什么？他被洗脑！这个男人脑子里一片空白，是因为他一直持有的好男人的逻辑被消除了，而接受了女人用歇斯底里的方式强加给他的坏男人的逻辑。女人为什么又会被家暴？因为心想事成！吸引力的反力发挥了效果。她越是抵抗家庭暴力，就越会把父亲拳脚相加的印象在心里加深一遍。遇到一个没有暴力倾向的丈夫，反而会令她惊慌，这是吸引力反力发挥作用。所以，她无形中不自觉地把"暴力"的坏意识传输给男人，这正好让家庭暴力的悲剧延续下来。

这是一种对"反相"的执着和关注而产生的后果。这位女子人生中出现了"丈夫打妻子"的四次强迫性重复，第一次是爸爸打妈妈，而后三次是她的三任丈夫殴打她。最后一任丈夫本来是好男人，但却在她的吸引力反力的作用下变成了坏男人。要改变这种消极的心想事成，结束吸引力的反力，最有效的方法是接受真相，然后放弃抗拒，让那些不好的记忆不再出现。首先认清自己有一个不好的爸爸，接受这是一个改变不了的事实，然后慢慢适应，最后去忽略这个事实。

# 多发出积极的信号

你所抵抗和反对的事情会由于你的竭力反对和抗拒被一次次重复，在这个过程中，你不希望发生的事情被你的意识和想法认可了，于是产生了吸引力，带来负面效应。当完全接受事实时，我们内心中会自动显现出一个新的想法，但这个想法并不是我们主动创造的，而是自然而然地在彻底接受真相的那一刹那自动产生的。这种想法具有不可思议的力量，会在刹那让我们从痛苦的纠缠中解脱出来。

你的头脑就像一个"思想制造工厂"，一个非常忙碌、每天制造无数思想的工厂。工厂由两位员工管理，一位我们称他为成功先生，另一位我们称他为失败先生。成功先生负责生产正面的思想，他的强项是生产你之所以可以、够资格以及会成功的理由。另外一位失败先生负责生产负面、自贬的思想，他是替你制造你之所以不能、不精、不能成事等理由的专家，生产为什么你会失败的思想，是他的强项。

成功先生和失败先生都非常听从指挥，只要稍稍接收到心里发出的信号，他们就马上采取行动。如果事情是正面的，成功先生就会出来完成任务。反之，负面的信号，失败先生就会出现执行命令。想要了解这两位员工对你的影响，你可以这样做：告诉你自己"今天真倒霉"。失败先生一接到这个信号，马上制造出几个事实证明你是对的。他会让你觉得今天天气不好、生意冷清、售货量减少、心里不耐烦、你生病、你心情不好。失败先生非常有效率，不到一会儿工夫，你就感到今天真倒霉。如果你告诉自己"今天是个好日子"，成功先生接到信号出现执行任务，他告诉你"今天天气好、你仍然快乐地活着、你又可以进步一些"。那么，今天就是个好日子。同理，失败先生让你不能和别人顺利交往，成功先生则告诉你能；失败先生说你会失败，成功先生则让你相信你会成功；失败先生找了冠冕堂皇的理由，让你不喜欢周围的人，成功先生则叫你相信周围的人是值得喜欢的。

　　你心里发出的信号愈多，这两位员工就变得愈有权力。如果失败先生的工作增加，也就会增添人员，占据脑部更多的空间，最后他就独占了整个思想工厂。可想而知，所有生产出来的思想都会是负面的。所以最聪明的方法就是开除失败先生。你不需要他，你也不希望他在你旁边告诉你这不能、那办不到、会失败什么的。既然他无法帮你到达成功的彼岸，索性一脚把他踢开。完全重用成功先生，不论什么思想进入你的脑中，派成功先生去执行任务，他将引你走向成功。

# 第二节 有得必有失，
## 有失必有得

"假如你因为失去太阳而流泪，那么你也将失去群星。"这是泰戈尔的《飞鸟集》中的一句名言。太阳西下后随之而来的是夜晚，夜晚有群星，如果流泪视野则会变得模糊，就看不到其他东西了，当然也就包括了群星。

## 打翻的牛奶

世界著名的成功学大师戴尔·卡耐基刚刚起步时并不顺利，虽然全国无人不知他的名字，虽然他的分校遍布美国的各大城市，虽然他的事业看上去如日中天，但是几个月下来，残酷冷漠的数字还是在无声地证明着：你的开销比盈利多，你不仅没有赚到一分钱，还赔了钱。这个结果使得卡耐基十分苦恼，他陷入了深深的自责里，不停地抱怨自己的粗心大意，还一度精神恍惚，使得刚起步的事业危在旦夕。

偶然一天，卡耐基遇到了自己中学时的老师。了解了他的处境之后，老师默不作声地给他拿来了一杯牛奶。可当他刚拿起杯子要喝的时候，老师突然伸手把牛奶打翻到地上。看着迷惑不解的卡耐基，老师大声说了一句："不要为打翻的牛奶哭泣，因为这没有用！"

这句话如同醍醐灌顶，一下子震撼了苦恼中的卡耐基。他顿时想通了，精神也随之振作起来。就这样，他那险些夭折的成功培训班存活了下来，这才有了今天依然活跃在市场上的卡耐基的伟大作品。

已经无法改变的事实既可能成为推动人成功的动力，也有可能成为困住人的陷阱。至于它对你是什么，关键就看你是对着打翻的牛奶哭泣，还是打扫一下现场，然后再去倒一杯。

有得必有失，企业家当初放弃了学琴，在商场上拼搏到属于自己的一片天地，假如他不珍惜眼前的一切，只为当初没能学好琴而遗憾，那么无论他坐在多么高级的餐厅，享用多么美味的食物，也会食不知味。

## 麦当劳的由来

有个叫雷·克洛的美国人，他出生那年，西部淘金热正好结束，一个可以发大财的时代与他擦肩而过，中学毕业他后本该去读大学，可是又碰上1931年的美国经济大萧条，读大学的机会因没有经济支柱而失去。后来他涉足房地产，生意刚刚打开局面，第二次世界大战爆发了，房价急转直下，结果被弄得一无所有。56岁那年，他来到加利福尼亚的圣伯纳地诺城，发现牛肉馅饼和炸薯条非常好卖，于是就去一家餐馆打工，学做这些食物。后来，这家餐馆转让，被他接了过来。到1996年，这家小餐馆在地球上的分店已达到5637个，年收入为43亿美元，这家餐馆的名字叫麦当劳。

　　如果雷·克洛因失意而就此萎靡不振，那么他这一辈子也必将无所作为，而麦当劳也不可能在今天家喻户晓。

　　我们常为失去的机会或成就而唏嘘，但时常忘了为现在所拥有的而感恩。失去是一种痛苦，也是一种幸福，因为失去的同时也在得到。失去了太阳，可以欣赏漫天的繁星；失去了绿色，得到了丰硕的金秋；但是如果因为失去而完全陷入痛苦的海洋里，那么你就很难看到灿烂的星空了。

# 甘地的皮鞋

　　有一次，甘地乘火车外出，因为拥挤，他上了火车才发现自己的皮鞋掉了一只，而此时火车已经启动。正当全车厢的人都在为甘地可惜的时候，他却做了一件令人不可思议的事情：他迅速脱下另一只皮鞋扔到了车窗外。甘地说："如果一个穷人正好从铁路旁经过，他就可以拾到一双鞋，这或许对他是个收获。"

　　既然一只鞋子已经找不回来了，与其哀叹惋惜，不如把另一只鞋子也放下，这样才能更好地前进。甘地这样坦然地面对失去，也是一种洒脱，也是一种获得。

　　如果霍金因失去行动能力而陷入迷茫，哪来黑洞面积定理的证明，又是谁创造宇宙的"几何之舞"？如果司马迁因身体遭受创伤而停止写作，那么哪来的千秋《史记》？如果贝多芬因失聪而停止创作，谁又能创作出像《第九交响曲》这样如此美妙的乐章？孙武、邓朴方、张海迪、奥斯特洛夫斯基、罗斯福、海伦·凯勒，一个个名字的背后，是一个个不屈奋斗的身影，是在失去太阳之后，能够骄傲地仰望星空之人。

　　生活中的"机会成本"是我们在决策过程中必须考虑到的成本。而生活中的"沉没成本"和"机会成本"恰恰相反，是我们在决策过程中应该忽略的成本，因为它与我们当下或者未来的决策并不相干，是不应该予以考虑的成本。但在现实生活中，很多人却会对"沉没成本"耿耿于怀，以致于做出错误的决策。

沉没成本是指在过去已经付出的，且在现在或者未来做任何选择都无法回收的成本。在日常生活中，我们经常会听到"不要为打翻的牛奶哭泣"或者"覆水难收"等俗语、成语，它们就体现了"沉没成本"的思想。之所以不应当为打翻的牛奶哭泣，是因为打翻的牛奶是"沉没成本"，也是过去成本，是无法弥补的损失，再怎么哭也哭不回来。"覆水难收"同样体现了这个道理。

遗憾的是，有很多人不懂用"沉没成本"原则看待、分析现实问题，常常会为"打翻的牛奶哭泣"，为昨日的损失悲叹，甚至为了挽回不可挽回的"沉没成本"做出更加错误的决定，遭受更大的损失。这就是经济学中所谓的"沉没成本谬误"。

因此，我们在日常生活中，由于某种原因做出了错误的决定，遭受了损失，与其沉浸在痛苦中难以自拔，不如记住运用"沉没成本"原则来转换思路、调整行为。毕竟，人生不能总向后看，而应尽量向前看，将过去的挫折和损失作为经验教训吸取，重新开始。"塞翁失马，焉知非福"，人生其实就是如此，只有现在果断放弃，未来才能更好地拥有。

# 甑已破矣，顾之何益

东汉大臣孟敏，年轻的时候曾卖过甑。一次，他的担子掉在地上，甑被摔碎了，他头也不回地径自离去。

有人问他："坏甑可惜，何以不顾？"孟敏十分坦然地回答：

"甑已破矣，顾之何益。"

是的，甑就算再珍贵，再值钱，再与自己的生计息息相关，可它被摔破，已是不能变更的事实，你为之感到可惜，心疼如焚，顾之再三，又有什么益处呢？

甑被打破，不可能恢复原状；牛奶被打翻，不可能重新回到杯中。任你懊悔，任你感叹，任你痛心疾首，呼天喊地，任你三天不吃饭五天不睡觉，任你悔断肠子或心疼肝疼胃疼，也注定不会改变这个已经板上钉钉的事实。聪明的做法，就当像孟敏那样，"甑已破矣，顾之何益"，这才是人生的大智慧。

这还因为，无论是谁，大概都会遇到类似"打破甑""打翻牛奶"这样的事。辛弃疾在一首词中写道："叹人生，不如意事，十之八九。"现代人，也许比较幸运，但不如意事，也有十之三四吧。下岗，被精减，被老板炒了鱿鱼，不如意；落选，被降职，被顶头上司冷落，不如意；评职称少了一票，送学术刊物的论文石沉大海，不如意；经商亏本，工厂赔钱，路上被窃，也不如意，林林总总，不一而足。一旦遇到这样的事，怎么办，想想《甑已摔破，顾之何益》，想想"不要为打翻的牛奶哭泣"，想想人家的生存智慧，对自己肯定会大有益处的。

当代社会，更应具有这样的生存智慧，因为在激烈的社会竞争中，我们手中的"甑"随时可能被他人打破，杯中的牛奶也可能被打翻。遇到这样不如意的事，不怨天尤人，不哭天抢地，不消沉颓唐，不捶胸顿足；吸取教训，挺直腰杆，义无反顾，勇往直前。生活中，这样的人才能成为强者，才能事业有成，才能出人头地，才能品尝到成功的喜悦，才会有鲜花美酒的陪伴。

不为打翻的牛奶哭泣，不为失去的"沉没成本"而伤心懊悔，有这样大度的襟怀，有这样的人生智慧，命运或许会给你新的机会，迈过几道坎，拐过几道弯，成功会在那里微笑着向你招手。

# 第三节　拥有痛苦和烦恼的人，灵魂深邃而透彻

## 坦然面对痛苦

尼采说过："痛苦是最深的深渊——一个人看到痛苦的深度，等同于他看到人生的深度。"人活在世上，谁没有痛苦呢？每个人都经历过痛苦，其实每个人的思想都是不一样的，想得复杂，人就容易变得痛苦，越想摆脱它，越是无法摆脱。

痛苦对每个人来说都是一种折磨，是一种烦恼。因而没有一个人喜欢自己被痛苦所包围着，也没有一个人会说"痛苦我喜欢你，你来吧"。当痛苦来临时，你不得不去面对。这时你就要更加坚强，更加勇敢，要让它知道你有多坚强。

有的人遇到一点痛苦就害怕得要命，不知所措，不知方向。其实每个人都希望自己的一生里都没有痛苦，没有痛苦的纠缠，希望自己的人生欢欢乐乐。痛苦它会面对每一个人，但我们又无法逃避，无法摆脱。既然我们无法摆脱它，为什么就不能坦然地去接受它呢？其实痛苦也并不完全是一件坏事，让我们换一个角度来说吧，痛苦也是磨炼我们的一种意志。有的人虽然还在痛苦里，但他却锻炼了自己，丰富了自己对人生的感受，能从中学到很多东西，往往要超过他人从快乐中学到的。

我们在经历一场痛苦之后，不会是一无所获，有时我们从痛苦中体

验到生命中最本质的一些东西。痛苦让我们在感受人生的艰难和曲折的同时也让我们真正领悟到了它的悲境。痛苦和欢乐只是一线之隔，没有经过深刻痛苦的人，也难以享受到真正的快乐，痛苦和快乐其实就是人生的一个过程。

其实痛苦有时也像一把利刃，插在人们的心上，让人感觉疼痛难忍，否则人们就难以体会其中滋味。有的人害怕痛苦，当你遇到它时，你就必须得去接受它，你也没有办法不去接受它，接受它时，你就得要坚强。否则你让痛苦感到你是一个弱者，它会更加向你示威，因为它看穿了你是一个弱者，是一个胆小怕事的人。

其实有人说，痛苦并没有什么可怕的，可怕的往往是我们自己，可怕的是当你遇到痛苦时不敢勇于面对。我们要的是一种坚强，一种勇气，让痛苦知道我们是有很大承受能力的，痛苦有时也会把我们从一种境界带入另一种境界。

当我们面对痛苦的时候，那就坦然一点吧，你再痛苦，它也不会向你退缩，它只会向你逼近。所以当你面对痛苦的时候，就请自己微笑地接受吧。如果你能面对痛苦，向它示威，你可以大胆的叫出来：痛苦我不怕你，那么你就是生活中最强的强者。其实痛苦何尝不是磨炼一个人的意志，那就让我们去正面对待它，让我们在痛苦里成为强者。

苦难与幸福乍看之下是相反的东西，但它们有一个共同之处，就是都直接和灵魂相关，并且都涉及对生命意义的评价，在一般情况下，我们的灵魂都是沉睡着的，当我们感到幸福或遭遇苦难时，它便醒来了。如果说幸福是灵魂的巨大愉悦，这愉悦源自对生命的美好意义的强烈感受；那么，苦难之所以为苦难，正在于它撼动了生命的根基，打击了人对生命意义的信心，因而使灵魂陷入了巨大痛苦。

生命意义仅是灵魂的对象，对它无论是肯定还是怀疑、否定，只要是真切的，就必定是灵魂在出场。外部的事件再悲惨，如果它没有震撼灵魂，也只能成为一个精神事件，就称不上是苦难。一种东西能够把灵魂震醒，使之处于虽然痛苦却富有生机的紧张状态，那它一定具有某种精神价值。

快感和痛感是肉体的感觉，快乐和痛苦是心理现象，而幸福和苦难则仅仅属于灵魂。幸福是灵魂的叹息和歌唱，苦难是灵魂的呻吟和抗议，在两者中凸现的是对生命意义的或正或负的强烈体验。

幸福是生命意义得到实现的鲜明感觉。一个人在苦难中也可以感觉到生命意义的实现乃至最高的实现，因此苦难与幸福未必是互相排斥的。但是，在更多情况下，人们在苦难中感觉到的却是生命意义的受挫。我相信，即使是这样，只要没有被苦难彻底击败，苦难仍会深化一个人对于生命意义的认识。

领悟悲剧也需有深刻的心灵，人生的艰难关头最能检验一个人的灵魂深浅。有的人一生遭遇不幸，却未尝体验过真正的悲剧情感。相反，表面上一帆风顺的人也可能经历过巨大的内心悲剧。

# 怒放自己的生命之花

在千万种人生境遇中，有一种人生叫苦难，有时候我们不得不承认，无可奈何才是生命的本相。有人说，每个人都是被上帝咬过后的苹果，只因上帝特别喜爱某些人的芬芳，所以才对他咬得特别重。如此说来，苦难反而是上帝眷顾的结果，生命过程就是人对困难的征服史，征服苦痛与挫折，征服贪欲与懦弱，征服人造的悬崖和自己内设的壁垒。所有的征服都难以仰仗别人，只有自己才是这场征程的主帅。

《点亮生命》这本书，讲述的是一个即将走到人生尽头的少年，用虚弱的病体坐着轮椅踏上感恩之旅的故事。它来自一个真实的生命，而故事的主人公黄舸此时正承受着来自病痛的折磨，他生命跳动的指针随时都会戛然而止。早在 10 年前，年仅 10 岁的黄舸在幼小的心灵深处就已体会到痛苦是如此的真实，死亡将在不久的一天悄然而至。他患上一种叫进行性肌营养不良的疾病，肌肉的逐渐萎缩会使得生命之花慢慢枯萎，医学的生命极限只有 18 岁。

　　时刻不离左右的死亡威胁可能是一个人所能够面对的最大苦难。在残酷的生命苦难面前，一切语言都显得苍白。周国平说过，一个人只要真正领略了平常苦难中的绝望，他就会明白，一切美化苦难的言辞是多么浮夸，一切炫耀苦难的姿态是多么做作。的确，没有体验苦难的人可以美化苦难对于人生的意义，而无法体会一个遭遇苦难的人内心深处最平凡的渴望。当苦难降临到一个孩子身上的时候，更显现出生命高贵的尊严和人内在世界的强大与从容。生与死，人人都要经历，每个人都会奔向自己的死亡——那是人生的必然。

　　现代西方浪漫派哲学冥思死亡的意义，他们吟咏死亡，认为只有慨然正视死亡，才能真正领会生的意义。而问题的关键在于，即使有的人感到死亡的迫近，并努力去设计自己的一生，也没有趋向富有意义的生活。在他们看来，生活只是碎片，人生只是游戏而已。事实上人生不是游戏，生命的意义就在于我们虽然偶然来到这个世界，但能够主动选择如何活，选择活得怎样。

　　很难想象，一个长期被病魔折磨的少年黄舸会说出这样耐人寻味的话："人活在世上，不在于能够活得多么长久，而在于要活出生命的意义，我要让我生命中的每一天都有它不同的意义。"没有抒情诗人"浮生若梦""人生几何""流光容易把人抛"的感叹，也没有哲学家抽象玄思的妙语，但在这平凡的语言背后却是对生命真谛最透彻的解析。没有对命运多舛的抱怨，唯有微笑着对生活感恩。

可以想象，如他一样的同龄人或许还在父母温暖的怀抱里撒娇，而他却早已独自在苦难的漩涡里触碰到生命的尊严，把苦涩的眼泪酿成了恬淡的微笑。至深的苦难带给他深刻的生命体悟，他用超乎年龄的理性与勇敢，选择了有尊严地面对生活的磨难，他要让自己无怨无悔地去迎接死亡。

于是，遭遇命运磨难的阳光少年没有抱怨，没有惋惜，这个四肢无力、每天和死神赛跑的孩子，跋山涉水，万里迢迢，踏上了感恩之旅。

那些善良的给予他帮助的人点亮了这支小小的蜡烛，而他欢快地燃烧着自己，又点亮了无数的心灯，震撼了无数麻木的心灵。虽然他的身体被无情地困在轮椅上，但他的灵魂却在欢畅地起舞，像一条不知疲倦奔向海洋的小溪，他早已忘记了一路走来的艰辛，哪怕前方就是死亡，也毫无畏惧。

是的，无论个体的外在生命如何脆弱，但只要拥有内在的生命力，就能超越平凡，让生命怒放。让生命力穿越无尽的时空，让内在的体验超越外在的羁绊，这样的人生就注定丰满。

怒放的生命绝不意味着只是拥有健康的身躯，它更注重心灵的完善。它不在于追求自然生命的长度，而是活出精神生命的宽度和深度。怒放的生命之花可以是峭立枝头迎风傲雪的一剪梅，也可以是无人注意的角落里散发幽香的素兰，只要这朵花开出了自己的精彩，绽放了自己的美丽，一花就是一世界。

站在时间的渡口，每个人都是岁月长河里的一叶小舟，漂向生命的彼岸。我们感慨生的偶然与死的必然，我们又时常被生命的奇迹打动和温暖，那些孱弱的身躯里的生命之光是那样夺目和美丽，他们让我们相信，无论生命中有多少残缺，只要心灵充满阳光，生命之花就会有怒放的灿烂。

# 第四节 接纳痛苦，只为了迎接幸福

生命如同逝去的流水，若流淌在平坦的河床，水势必定平直，唯有迎向暗礁，生命之水才会激起灿烂的浪花。人们都希望自己成为生活的强者，但通往强者的路上，永远有苦难等待在那里。苦难使人生受到考验，苦难使人奋勇搏击。

苦难是福，顺境中的人们看到的是鲜花和笑脸，喜欢喜悦浸润的心灵往往经受不起太大的打击和负荷。迎向苦难，虽处逆境，但可使人尝遍人间酸甜苦辣，感受人间的世态炎凉，每经历一次苦难就更多一层对生活的领悟，更了解人生的真谛。

美国前总统克林顿称不上是天才人物，但他能登上美国总统的宝座，与他个人的勤奋和磨炼不无关系。

## 克林顿千锤百炼终成金

克林顿的童年很不幸。他出生前4个月，父亲就由于一场车祸去世。他的母亲因无力养家，只好把出生不久的他托付给自己的父母抚养。童年的克林顿受到外公和舅舅的深刻影响。他自己说，他从外公那里学会了忍耐和平等待人，从舅舅那里学到了言而有信的男子汉气概。他7岁时随母亲和继父迁往温泉城，不幸的是，双亲之间常因意见不合而发生激烈冲突，继父嗜酒成性，酒后经常虐待克林顿的母亲，小克林顿也经常遭其责骂。这给从小就寄养在亲戚家的小克林顿的心灵蒙上了一层阴影。

坎坷的童年生活，使克林顿形成了努力表现自己，争取别人喜欢的性格。他在中学时代非常活跃，一直积极参加班级和学生会活动，而且有较强的组织和社会活动能力。他是学校合唱队的主要成员，而且被乐队指挥定为首席吹奏手。

1963年夏，他在"中学模拟政府"的竞选中被选为参议员，应邀参观了首都华盛顿，这使他有机会见识到"真正的政治"。参观白宫时，他受到了肯尼迪总统的接见，不但同总统握了手，而且还和总统合影留念。

此次华盛顿之行是克林顿人生的转折点，使他的理想由当牧师、音乐家、记者或教师转向了从政，梦想成为肯尼迪第二。有了目标和坚强的意志，克林顿此后30年的全部努力，都紧紧围绕着这个目标。上大学时，他先读外交，后读法律——这些都是政治家必须具备的知识修养。离开学校后，他一步一个脚印，律师、议员、州长，最后达到了政治家的巅峰——总统。

人生来都希望在一个平静顺利的环境中成长，但上帝并不喜欢安逸的人，他要挑选出最杰出的人物，于是他让这些人历经磨难，千锤百炼，终于成金。

一个人如果想有所成就，那么苦难就成为一道你必须跨过的关卡。就像神话中所说的那样，那条鲤鱼必须跳过龙门，才能超越自我，化身为龙，人生又何尝不是如此？

苦难是毅力的磨刀石。绳锯木断，跛鳖千里，一千次的失败就有一千零一次的从头开始。一次次的努力，使毅力这柄前行折棘的锋刀被磨砺得削铁如泥。

苦难是生活中无声的老师，她培育了人们优良的品格，塑造了人们不屈的精神。摒弃懒散的惰性，摆脱无聊的幻想，"宝剑锋从磨砺出，梅花香自苦寒来"，经过苦难的煎熬和煎熬后成功的快意，人们才懂得，以客观的态度去正视生活才是有志者唯一的选择。

苦难的动力是催化剂，它能激发人们昂扬的斗志，使强者变得更加坚强，弱者摆脱怯弱的本性，促使每个有理想的航者为了圆一个美丽的梦，而扬起前进的风帆。

苦难是一本启智的经书。当人们精心阅读感受它后，会发现它在娓娓讲述丰富的生活阅历时，又夹杂着睿智，细细品味会使人豁然开朗，智慧增加。

苦难又是一位深沉的哲人。

他说：强者的人生意义不在于他辉煌的成功，而在于他为实现理想所做的一次又一次的搏击，强者在风浪中领略到的瑰丽之景是平庸者永远看不到的。

感谢苦难，它使人明白了生命的内涵；感谢苦难，它告诉我们生活的八字真诀：正视、不屈、沉着、奋进。

我们绝大多数人不可能成为统治他人的帝王，但是我们可以做自己的帝王！不惧怕独自穿越狭长漆黑的隧道，不指望一双怜悯的手送来廉价的资助，将血肉之躯铸成一支英勇无畏的箭镞，带着呼啸的风声，携着永不坠落的梦想，拼力穿透命运设置的重重险阻，义无反顾地射向那辽阔的美丽的长天。


# 苦难中成长的音乐巨匠


4岁时的一场麻疹和强直性昏厥症，使他几乎夭折。

7岁时患上严重肺炎，不得不服用大量抗生素。

46岁时牙床突然长满脓疮，只好拔掉几乎所有牙齿。牙疾刚愈又染上可怕的眼疾，幼小的儿子成了他手中的拐杖。

50岁后，关节炎、肠道炎、喉结核等多种疾病吞噬着他的肌体。

后来声带也坏了，靠儿子按口型翻译他的思想。他仅活到57岁，就口吐鲜血而亡。死后尸体也备受磨难，先后搬迁8次。

他从4岁开始便与苦难为伍，直到死依然没有摆脱苦难的纠缠。可他在苦难中没有失去人生的信仰，最终使自己在苦难中脱颖而出。

他长期把自己封闭起来，疯狂地练琴，每天练琴十几个小时，废寝忘食。

13岁时，他开始周游各地，过着流浪的生活。除了儿子和小提琴，他一无所有。

他还在指挥艺术上苦下功夫，并创作出《随想曲》《无穷动》《女妖舞》和6部小提琴协奏曲及许多吉他演奏曲。

15岁时，他举办了首次音乐会，一举成功，轰动了整个舆论界。他的声名传遍法、奥、德、英、捷等很多国家。

他的演奏使帕尔马首席提琴家罗拉惊异得从病榻上跳下来，木然而立，无颜收他为徒。

维也纳一位盲人听到他的琴声，以为是乐队在演奏，当得知台上只有一个人时，大叫"他是个魔鬼"，匆匆逃走。

歌德评价他"在琴弦上展现了火一样的灵魂"。

李斯特大喊："天啊，在这4根琴弦中包含着多少苦难、痛苦和受到残害的生灵啊！"

卢卡共和国的民众听后欣喜若狂，政府立刻宣布他为首席小提琴家。

他就是世界著名超级小提琴家——帕格尼尼。

帕格尼尼由于自己的信仰不灭，苦难并没有打倒他。相反，他在苦难中成长为音乐巨匠。人们不禁问："是磨难成就了天才，还是天才特别热爱磨难？"这问题一时难以说清。但人们知道，弥尔顿、贝多芬和帕格尼尼被认为是世界文化史上的三大怪杰，一个是瞎子、一个是聋子、一个是哑巴。或许这正是上帝用他的搭配论，摁着计算器早已计算搭配好的。

如果你有了某种缺陷，不要气馁，要努力奋斗，这种奋斗当然会很艰难，但是只有敢于奋斗的人，才堪称强者。

人生的痛苦，就好比大自然中不顺遂人们意愿的各种自然现象，比如轻的如风、雨、雷、雾、霜、冰、雹，残酷的如地震、海啸等，然而生命痛苦的产生有其根本的原因，往往这些原因，我们是不得而知的。痛苦的产生，也是人生成长进化过程中的产物，让我们感到痛苦的不是痛苦本身，而是对痛苦来临的抗拒、不接纳。

是这种抗拒让痛苦的感觉更加剧烈，因为你对抗得会更加持续强烈，你接纳的会消融稀释，当痛苦到来时，看着它，甚至你可以去拥抱它，并带着爱温柔地问它："你要告诉我什么？你要带什么给我？"如果你问了多次之后，痛苦的感觉还存在，那么你可以找个地方安静地坐下来，将内在的注意力放在痛苦的感觉上，并将这股痛苦的感觉想象成一团黑色的物体，觉察它慢慢地缩小，而你整个的意识却被无限地放大，放大到与整个宇宙合为一体，一极越来越小，一极越来越大，你渐渐地会发现：那痛苦的感觉犹如一滴水，滴入又深又广的太平洋，最终那股痛苦的感觉会被你广阔无边的意识而接纳，此时你会发现，原来那痛苦本身就是生命的一部分，你只需要观照着它自然地来，自然地去，如来如去，这就是生命的本来面目。

# 第 4 章

## 优雅淡定，只为活得从容

人生如茶，热也喝得，冷也喝得。为什么不喝得舒服？经常有人在失败的痛苦中忍受煎熬，如果他们能换一种态度，看淡并接受它，自然就能从中跳出来。佛家有云：万物变换终归虚无。将万物看作自然，不患得患失，将心放开，做到"问君何能尔？心远地自偏"。自然就能随遇而安。

# 第一节　在喧嚣的尘世中保持心平气和

什么叫作心平？一杯水你不停地搅动，沉淀物上下翻滚，水就会变得浑浊。你不搅动了，水静了下来，杂质慢慢沉入杯底，水就变得清澈起来。心平就是心要像水一样平静不动。

什么叫作气和？气和就是气的运行和谐顺畅，该升的升，该降的降。一个人只有心平了之后，气才能和。

## 靠药治不好的病

一天，一位姓王的局长来找一位朋友，见面就说："老朋友，快帮帮我吧！我都快崩溃了！"这位王局长人很胖，面容疲惫，双眼布满了血丝。朋友劝他："不要着急，坐下慢慢说。"局长坐下后，说："快半年了，头一直昏昏沉沉的，有时眼睛发花，头、脖子、后背也都硬邦邦的，跑了不少医院，拍了一大堆片子，也没查出原因，医生告诉我没病，但为什么这么难受呢？"朋友问他血压高吗？他说不高。朋友又问他："你患这个病之前，是不是有什么事不顺心，经常发火？"他回忆了一会儿说："你不问，我倒忘了。半年前，一封匿名信写到了上级纪委，说我受贿，我成天废寝忘食地干活，没想到有小人在后面放冷箭，这能不让人生气吗？"说起这件事，他仍按捺不住怒火。他突然停顿下来问了一句："我这病与发火有什么关系呢？"朋友说："不仅有关系，而且关系还很大。一个健康的人，体内气的运动一定是顺畅的。如果气的运动不顺畅了，身体就会感到难受。影响气的运动的因素有很多，不过最直接的莫过于自己的七情——喜、怒、忧、思、悲、恐、惊。古人总结为：怒则气上，喜则气缓，悲则气消，恐则气下，惊则气乱，思则气结。"

这位局长听完朋友的话之后，立刻高兴了起来："太好了，听你这么一说，我觉得自己真找对人了，你来给我开药吧。"朋友问他："你相信我吗？"王局长说："相信。"朋友说："真的相信？"王局长回答："真相信。"朋友说："那好吧，我老实跟你说，你这个病无药可治。"王局长一听，大惊失色。朋友连忙解释说："我的意思是，你的病仅仅靠药是不行的，主要还是要调整心态，少生气。"

许多病单靠药是治不好的，必须调整心态，心态平和了，气的运行就会顺畅，病自然就好了。一些人的心态调整不好，关键是想不透、看不开。对于这样的病人，常开的最好的药方就是：《庄子》一部，细读，主药则为《逍遥游》。《逍遥游》中讲到，一只小鸟，看见一棵树，会觉得很高，看见一个小池塘，会觉得很大，因为小鸟的眼界很低，很窄。如果将眼光放高远一些，就像那只鲲鹏，直上青天，一飞就是十万八千里，那么你还会在乎那些树和池塘吗？人也是这样，如果你用金钱和官位的砝码来称自己，你就会看不透，想不开；如果你用生与死的砝码来称自己，身外的一切就都不重要了。

许多人参加别人的葬礼时，一下就想明白了，什么功名利禄，什么官位美色，这一切的一切与生命相比都无关紧要。为什么这时的人会如此清醒呢？因为此时此刻，他是用生与死的砝码称自己，他站得很高，看得很远，就像那只鲲鹏。但追悼会一结束，一投身到现实的工作和生活之中，许多人又开始追名逐利，斤斤计较起来。为什么呢？因为他们又变成了一只小小鸟。

一个人站不高看不远，一丁点小事就会搅得他坐立不安，整天不是怒就是悲，不是忧就是恐，不是惊就是思，这样一来，体内之气乱成了一团，身体怎能安康？

《黄帝内经》中有这样两句话："恬淡虚无，真气从之；精神内守，病安从来。"现在健康领域十分热闹，今天有人劝你吃素，明天就有人劝你吃肉，似乎都有道理。诚然，我们见过吃素的长寿老人，也见过吃肉的长寿老人，但我没见过一个斤斤计较心胸狭窄的人能长寿。

人的心胸开阔了，会把一切都看得很淡，他身体内的气就会顺畅，这样的人"真气从之"，怎么会生病呢？因此，要想健康长寿，最重要的就是要不断提高自己的眼界，看淡一切功名利禄。


# 静下心来等一下


一个人由于一件小事和邻居争吵起来，争论得面红耳赤，谁也不肯让谁。最后，那人气呼呼地跑去找胡教授，胡教授是当地最有智慧、最公道的人。

"胡教授，您来帮我们评评理吧！我那邻居根本就像是一堆狗屎！他竟然……"那个人怒气冲冲，一见到胡教授就开始了他的抱怨和指责，正要大肆指责邻居的不对，就被胡教授打断了。

胡教授说："对不起，正巧我现在有事，麻烦你先回去，明天再说吧。"

第二天一大早，那人又愤愤不平地来了，不过，明显没有昨天那么生气了。

"今天，您一定要帮我评出个是非对错，那个人简直是……"他又开始数落起别人的不是。

胡教授慢条斯理地说："你的怒气还是没有消除，等你心平气和后再说吧！正好我的事情还没有办好。"

一连好几天，那个人都没有来找胡教授了。胡教授有一次在路上遇到了那个人，他正在农田里忙碌着，他的心情显然平静了许多。

胡教授问道："现在，你还需要我来评理吗？"说完，微笑地看着对方。

那个人羞愧地笑了笑，说："我已经心平气和了！现在想来也没什么大不了，不值得生气的。"

胡教授依然慢条斯理地说："这就对了，我不急于和你说这件事情就是想给你时间消消气啊！记住：不要在气头上说话或行动。"

**怒气有时候会自己慢慢消散，静下心来等一下，不必急着发作，否则会惹出更多的怒气，付出更大的代价。**

## 恬淡虚无的心境

一次，李连杰在坐飞机时，突遇险境，飞机上下颠簸，机舱内惊叫声和哭喊声混杂一片，李连杰虽有武术功底，内心也万分恐惧。然而，就在这时，他却看到座位旁的一位女士神态自若，毫不惊慌，李连杰非常奇怪。

等到飞机脱险之后，他问："你难道不害怕吗？"女士回答道："这世界上很多东西都是空的，你看穿了，也就无所谓了。"李连杰对她佩服得五体投地，不久便随这位女士皈依佛门，并成立了壹基金。

当一个人将很多事情看穿了，就能做到恬淡虚无；人做到了恬淡虚无，真气就会顺畅；真气顺畅，人就会百病不生，健康长寿。

# 避免乐极生悲

人在快乐的情绪到了极点的时候就会转为悲痛，也就是俗言所谓的"乐极生悲"。《儒林外史》中描写了屡试不第的穷秀才范进，当他突然得知自己中了举人，高兴得不得了，以致于突发癫狂病。因此，在遇到特别高兴的事时，要善于调节自己的情绪，保持正常的心态平衡。从健康角度，我们应当避免极端情绪。从为人处世的角度，也应当注意避免乐极生悲。

战国时，齐威王经常通宵饮酒作乐，不理朝政。楚国乘机出兵进攻齐国。齐王派淳于髡去赵国请来救兵，才解了齐国之围。

在庆贺淳于髡搬兵有功的宴会上，齐王问淳于髡喝多少酒才会醉？淳于髡回答说："我喝一斗也醉，喝一石也醉。"齐威王不解其意，又问道："先生喝一斗酒就醉了，怎么能喝得了一石呢？"

淳于髡说："如果大王赏给我酒，在喝酒的时候，大王坐在我面前，法官站在我旁边，御史站在我后边，我就感到恐惧，喝上一斗也就醉了；若是在民间，不分男女坐在一起，一边饮酒，一边游戏，喝上八斗也不会醉；假如到了夜里，主人把我留下，无拘无束地坐在一起，这时喝上一石，也不会醉。所以古人说，酒喝到了极点，就不能遵守礼节，人快乐到了极点，就会发生悲哀的事情。"

《淮南子》中有言曰："神清志平，百节皆宁，养性之本也。"人是有理智的，平时注意加强思想意识的修养，凡事都能以辩证的观点看，做到正确认识自己，正确估价自己，不自视过高，不自满，总是想到自己的短处和不足，谦虚谨慎，严于律己，自觉地有意识地调整自己的意识和行为，不因一时一事而喜，在成绩和荣誉面前永远有一种不自满的精神，那么，就能真正做到有目的、有意识地控制自己的情绪，成为控制不良情绪的主人，不为不良情绪所驱使，永远保持平静、愉快的心情，用平常心去面对生活，但也不能漠不关心。要善于释放自己的感情。这样更能体现出一个人的风度。

# 第二节　烦躁生气，不能解决问题

"世界上怕就怕认真二字。"如果我们能静下心来认真做一件事情，就没有做不好的。我们做事情很多时候都是半途而废，在开始的时候是一腔热血，然后是热情消退，最后完全放弃。是什么原因让我们放弃呢？是烦躁的心理，是急于求成、不愿面对困难的烦躁心理。我们总是在想着事情的最后结果，急于看到我们所做的工作的成果，但这些却不是一天两天能看得出来的，所以我们就觉得这些工作是没有意义的，于是选择了放弃。

烦躁不安，在情绪上表现出的是一种急功近利的急躁心态。在与他人的攀比之中，更显出一种焦虑不安的心情。

# 急性子王兰田

晋朝人王兰田性急。一天，他在好朋友家吃饭时，用筷子去夹碗里的煮鸡蛋，夹了几下没夹住，他就急了。越急越夹不住。好不容易夹住一个，快到面前时又滑脱了。那鸡蛋先是掉在桌子上，随后滚到地上。王兰田气得满脸涨红，站起身来，追到鸡蛋跟前用脚去踩，但踩了几下没踩住（晋朝人的鞋是木屐，中空）。便大吼一声，把鸡蛋拾了起来，一把塞到嘴里嚼成碎渣，"噗"的一声吐在地上。

朋友在一旁笑得眼泪直流。过了好半天，王兰田气消了，说："我这急脾气，一直想改，改不了。"朋友说："要改，就要平时处处注意，一点一点磨炼。比如吃鱼，急性子是吃不得的……"不等朋友说完，他就爽快地说："好，我就从这鱼上开始！"他夹过一条鱼来，慢慢地挑刺。吃着吃着，他的急火就升上来了，一大口下去，鱼刺卡住了喉咙。他急忙抓起一个馒头，想吃一口馒头把鱼刺带下去。朋友劝阻说："这样会划破咽喉的。你不妨用'急性子'这种药医治一下。请不要误会，'急性子'是凤仙花的种子。这种花草在我后院里种了不少，你去采集一些，我给你称出一钱半，煎出汤来。你一点一点慢慢地喝，鱼刺就会被冲下去。"王兰田问："凤仙花不就是妇女染指甲的花吗？它的种子为何叫'急性子'？"朋友回答："你采集时就明白了。"

他走到后院花圃中，蹲在凤仙花跟前，动手去摘那茎上尖圆的果实。不想刚用手一碰，果实的皮壳就立即裂开并卷曲起来，把里面那褐色扁圆的种子全都弹了出去。种子太小，掉到土里很难拣起来。一连几次都是如此。

王兰田叹气说："急性子呀急性子，你这样触碰不得，别人怎么使用你呢？"叹完气，他忽然明白了朋友的用心良苦。于是他静下心来，轻柔仔细地采集着，不一会儿就摘了一大把。

王兰田正是由于容易烦躁，性子太急，才在朋友家做客时出尽了洋相。他越是着急，就越是失败，最后总算及时明白了自己的问题所在。

## 没有耐性将一事无成

某人性子很急，做什么事都慌慌张张的，顾前不顾后。

前不久他开了一家饭店，开的时候他心想我这个店装修好，地点好，一定能赚钱。于是他天不亮就开了张，焦急地等了一上午，一个客人都没来，他急了，门里门外地转悠，瞧见对面的早餐店一直客人不断，而他的店却无人光顾，他大为恼火，决定不干了，马上就写上了出兑的牌子。说来也巧，刚写上就有人来兑店，他以非常便宜的价钱就把店给兑掉了。

等他拿着钱刚要出门的时候，正好碰上陆续而来的客人。

这人气得直跺脚，恨恨地说道："上午都不来，我都不干了，你们倒来了。"兑他店的人拍着他的肩膀笑着说："老兄！干什么都得有耐心，像你这样只能一事无成。"

在这个什么都急于速成的时代，人们越来越急功近利了。只要有利益的，都希望最好一天就得到。但在这种思想的支配下，人们遭受到了越来越多的打击和失败。但是由于思维方式的问题，人们不是反思不断受到各种打击和失败的真正原因，踏踏实实地去纠正，而是想到另一个投机取巧的办法，就是最好找到避免打击和失败的绝技妙招，而且最好练几天就能行走江湖。如同方便面是可以快速地吃到嘴里，但是因为缺乏营养，很快就产生了生理机能的"副作用"，不但很容易饿，长期食用会产生闻着很香，但是吃上去无味的感觉，以至于最后终于成为实在没得吃了才不得不吃的速食食品。大家仔细思考，这种状态像不像我们现代人对待爱情、工作的心态？为什么？速食是为了满足什么需求而产生的？其实就是懒。

因为人生本身就是一个渐进发展的过程。如果你不能一天之内从10岁成长到20岁。你注定无法把这10年养成的习惯用几个月改变殆尽。更何况是超过10年的一些固有的毛病、缺点和思维方式。如同我们的孩子学习钢琴，用了整整10年的时间，这其实就是人生所有变化的一种浓缩体验。人不可能一天变成钢琴家，必须经过每天不断地强化练习，这期间有枯燥、烦恼、反复、发现错误、改正错误、坚持不懈以及一点一点体会改变后的成功等过程。这就是一个改变的活生生的例子。因此让我们写如何快速改变自己，或者如何快速得到幸福，就如同让郎朗写一本如何快速成为钢琴家的书一样，是无法做到的。

如果我们能够坚持，真正静下心来，认真地去学习、工作，我们做得会比现在好很多。只有拭去心灵深处的烦躁和不安，才能找到幸福和快乐，那么幸福和快乐在哪里？幸福和快乐其实就在我们每个人的心里。只要你愿意，你随时都可以支取。在很多时候，我们都急需在心中添把火，以燃起某些希望。在很多时候，我们都急需在心中洒点水，以浇灭某些欲望。你会感觉到，其实我们很幸福，其实我们很快乐。

我们可以试着用以下方法，同烦躁不安的情绪作战：

### § 心理暗示法

暗示是一种心理现象，有积极暗示和消极暗示之分。心情不佳时，如果对自己采取消极暗示，只会"雪上加霜"，更加烦躁；这时应该对自己采取积极暗示，告诫自己这是正常现象，乌云终会散尽，同时多回想一些以前经历过的美好情景和值得自豪的事情，就能缓解心理压力。人们常说的"阿Q精神胜利法"，从心理学角度看实际上就是一种积极的心理暗示，应该说这种方法在特定时期和场合是很有实际效果的。

### § 目标转移法

如果你因为某件事或某个人而感觉心情烦躁，注意力无法集中，就不要强迫自己做事。这时不妨看看电视、听听音乐、写写日记，或者读一两篇美文。你可千万别以为这是浪费时间，实际上这是"磨刀不误砍柴工"，你的情绪会很快得到缓解和放松，才能更好地做自己该做和想做的事。

### § 思想交流法

心理学研究表明，每个人都有同他人交流的欲望和需要。有些人不想让别人知道自己的心事，不愿意把心里的苦恼、委屈和悲伤说出来，这样不仅不利于问题的解决，而且会加重自己的烦躁，久而久之，还可能产生心理障碍。

正确的做法是找一位知心朋友交流、谈心，也可以上网找一位网友聊天，或者对着家里的某一件物品说话，倾诉自己的心事，以起到逐渐消除烦躁的效果。

§ 运动释放法

如果说前面三种方法是"精神疗法"，那么这种方法就是一种"物质疗法"，通过消耗体能来达到消除烦躁的目的。心情烦躁时，可以到操场跑上几圈，打一场球，活动一下筋骨，或者对着远方吼上几声，高歌一曲，让自己全身放松。这些做法经实践证明很见效，也正好印证了"生命在于运动"这句名言。

# 第三节　如何坦然接受不公平

这个世界上没有绝对的公平。如果真的绝对公平了，反而是另外一种不公平了。人生来就有很多的不公平，出生背景不同、家庭关系不同、受教育的程度不同。最让有的人感到心里不平衡的是，从前同样做生意的发财了，而自己却处处碰壁……世界首富比尔·盖茨说："社会是不公平的，我们要试着接受它。"

其实，人的一生实际上就是欲望不断产生和满足的过程。没有绝对的公平不公平，关键是每个人的心态，看你在关注什么。从来都是一分耕耘，一分收获，有所失才有所得，没有不劳而获的成果。

## 公平靠自己来争取

2006年，胡润百富榜第一位的张茵，几乎在一夜之间红遍了大江南北。与那些依靠高新技术上榜的富豪不同，张茵从事的

是环保行业的废纸回收工作。

张茵幼时家境清贫。1982 年大学毕业后，张茵先在工厂做会计，随后又在一家贸易公司做包装纸业务。

3 年后，张茵来到香港，在一家中外合资贸易公司担任会计。一年以后，这家公司倒闭了。此时摆在张茵面前的有两种选择：回广东，或者留下创业。好强的她决定留下来创业。

创业之初，张茵面对资金缺乏、资源匮乏的双重局面，只能从低端做起，她做起了废纸回收的生意。张茵从一开始就坚持品质第一，改变香港过去往纸浆里面掺水的做法。但这也触犯了同行业的利益，她被认为是违反了"行规"，甚至因此接到恐吓电话。陷入困境的张茵，第一次感到了不公平活生生地存在着。

没有退缩，经过几年的发展，张茵摆脱了早期创业的艰难局面，积累了一定的资金和资源，把早前生活带给她的困境和不公平待遇甩在了身后。随着公司的发展，香港的废纸回收已经不能满足业务需求，1990 年，张茵把目光投向了大洋彼岸的美国。

1996 年，中国的高档包装纸出现了供不应求的局面，尤其是高级牛卡纸，几乎全部从国外进口，张茵及时抓住了这一历史性机遇，如今公司已成为世界上屈指可数的巨型包装用纸生产企业之一。

事业越做越大，道路越走越宽。此时的世界逐渐对张茵变得公平起来。由此可见，公平是要靠自己努力争取的。

现实生活中，有的人利用自己占有的社会资源，迅速过上了令人羡慕的生活，而一无所有、没有任何资源的人，则要认清生活中存在的不公平，把自己的劣势变成努力奋斗的动力，发挥自己的长处，寻找机会，坚持自己想干的事情，就可以扭转你所认为的不公平。

承认生活并不公平这一事实，让它激励我们去尽己所能，而不再自我感伤。我们知道，让每件事情完美并不是生活的使命，而是我们自己对生活的挑战。

承认生活并不公平这一事实，并不意味着我们不必尽己所能去改善生活，去改变整个世界，恰恰相反，它正表明我们应该努力做好分内的事，争取更大的成功。承认生活是不公平的客观事实，并接受这不可避免的现实，放弃抱怨、沮丧，以平常心、进取心对待生活，不公平也就消失得无影无踪。

生活从来没有绝对公平。这着实让人不愉快，但这却是事实。我们许多人所犯的一个错误便是为自己、为他人所受到的不公平感到遗憾，认为生活应该是公平的，或者认为终有一天会是公平的，于是抱怨、叹息、等待……其实生活本来就不是绝对公平的，现在不是，将来也不是。一味地沉浸在探究生活的公平与不公平中，将会虚度时光，陷入困境。只有正视这种现实，努力生活、努力工作，才会找到属于自己的那份公平，把不公平甩在身后。

## 获得公平的"资本"

20世纪90年代，很多中国企业中工人的铁饭碗被打破，一些工人下岗。有的人下岗后就一蹶不振，靠着微薄的补助生活，在哀叹自身命运的同时，觉得自己受到了不公平待遇。有这样一对下岗夫妇却重新开启了生活，虽然他们也经历了失败、彷徨、愤懑，但他们最后成功了，他们努力付出使自己的生活变得公平了。

在四川双流县，有一家名叫"李姐稀饭大王"的著名饭馆，特色鲜明，服务一流，是很多人的首选用餐之地。这家稀饭店的老板就是李春花。她与丈夫辜强都是重庆市仁寿县城关镇人。夫妻俩曾在同一家工厂上班，因企业不景气，1992年他们双双下岗。

1999年3月，李春花夫妻俩来到了成都，决定在双流机场附近的双流县城卖稀饭。他们在双流县城棠中路找到了一个只有6平方米的门面，花3000元的年租金租了下来。他们总共投入了15万元，稀饭店总算开张了。

夫妻二人起早贪黑地忙活，但饭店的生意并不见好。开张三个月，就亏了3000多元。李春花意识到必须改变，不变只有死路一条。

怎么改变呢？晚上收工后，夫妻俩躺在几条板凳拼起来的床上琢磨开了。李春花自言自语地说："早上喝稀饭是中国人的传统，那么改在中午或者晚上喝稀饭行不行呢？""是啊！为什么不能把稀饭当成正餐做呢！"思路一打开，两个人便顺着这个方向热烈探讨起来。最后夫妻俩决定：把稀饭做成正餐，推出营养可口的"荤稀饭"。

第二天，他们就开始分头行动起来：丈夫辜强负责搞"研究"，就是熬稀饭；李春花继续研究"战略"。为了创建属于自己的稀饭品牌，她给自己的稀饭取了一个通俗易记的名字——李姐稀饭大王。

夫妻俩各司其职，配合默契。为了创建"稀饭大王"的品牌，辜强在几个月时间内，便研究出了十几种荤稀饭。同时，负责外联的李春花又在双流电视台做了一系列广告。这一招还真灵，许多人纷纷赶来"李姐稀饭大王"尝尝鲜。客人们吃完后个个赞不绝口，都觉得稀奇，没想到稀饭也可以做出这么多花样来。很快，"稀饭大王"拥有了固定的消费群体，并且在不断壮大。

2011 年，夫妻俩再接再厉又开了几家分店。李春花还跟随社会形势，注册了"李姐稀饭大王"的商标。他们夫妻凭借自身努力，终于成功地开辟了人生的新天地。

如果你拥有了让生活变得公平的资本，你的生活就会改变。要获得"资本"，就要付出汗水，要做到"人无我有，人有我优"，做到了这一点，你就掌握了生活的主动权，生活就总是呈现公平的一面。

生活中有许多事我们是无法逃避的，也是无法选择的。我们只能接受已经存在的事实并进行自我调整。抗拒不但可能毁了自己的生活，并且可能使自己精神崩溃。因此，无法改变不公和不幸的厄运时，要学会接受它、适应它，把不公平的现状甩在身后，就会创造不一样的生活，从而获得成功。

# 第四节　随遇而安不是随波逐流

俗话说"不如意之事十有八九"，在每个人的一生当中，根本就不可能永远都是风平浪静。人生际遇不是个人力量所能左右的。而在诡谲多变、不如意事常存的环境中，唯一能让我们不觉得难过而心情轻松的办法，就是要做到使自己"随遇而安"。

"橘生淮南则为橘，橘生淮北则为枳"，是何缘故成了如此？水土不同是也。想一想，人如果像橘，应该怎样应对呢？当今这个社会，千变万化，每个人一生当中所处的环境不会一成不变，我们怎么去面对呢？有大智慧的人都认为，坚持自己的信念，随遇而安吧。

# 随遇、随缘、随安、随喜

很久以前，有一个寺院，里面住着一老一小两位和尚。

有一天老和尚给小和尚一些花种，让他种在自己的院子里，小和尚拿着花种正往院子里走去，突然被门槛绊了一下，摔了一跤。手中的花种洒了满地。这时方丈在屋中说道："随遇。"小和尚看到花种洒了，连忙要去扫。等他把扫帚拿来正要扫的时候，突然天空中刮起了一阵大风，把散在地上的花种吹得满院都是，方丈这个时候又说了一句："随缘。"

小和尚一看这下可怎么办呢？师傅交代的事情，因为自己不小心给耽搁了，连忙努力地去扫院子里的花种，这时天上下起了瓢泼大雨，小和尚连忙跑回了屋内，哭着告诉老方丈自己不小心把花种全撒了，然而老方丈微笑着说道："随安。"冬去春来，一天清晨，小和尚突然发现院子里开满了各种各样的鲜花，他蹦蹦跳跳地告诉师傅，老方丈这时说道："随喜。"

对于随遇、随缘、随安、随喜这四个"随"，可以说就是我们人生的缩影，在遇到不同事情、不同情况的时候，我们最需要拥有的心态就是"随遇而安"。

大文学家苏东坡曾经多次被流放，可是他却说，要想心情愉快，只需要看到松柏与明月就行了。何处无明月，何处无松柏？只是很少人有他那般的闲情与心情罢了。如果大家都能够做到随遇而安，及时挖掘出身边的趣闻乐事，甚至于去找寻苍穹中的闪耀星星，这样，即使环境没有任何改变，你的心境从此也会大不一样了。

环境往往会有不如人意的时候，问题在于个人怎么面对拂逆和不顺。知道人力不能改变的时候，就不如面对现实，随遇而安。与其怨天尤人，徒增苦恼，不如因势利导，适应环境，从已有的条件中，尽自己的力量和智慧去发掘乐趣。从容地从不如意中去发掘新的前进道路，才是求得快乐与安静的最好办法。

# 身处陋室，随遇而安

刘禹锡被贬到安徽和州做通判，按唐朝规定，他应住衙门内三间三厦之房。但和州县的知县是个势利小人，认为刘禹锡是被贬之人，故意安排他到城南门外临江的三间小房居住。对此，刘禹锡不以为意，反而根据住地景观写了一副对联：面对大江观白帆，身在和州思争辩，并贴在门上。

知县知道后，甚为恼火，马上将刘禹锡移居别地，并把住房面积减去一半。此房位于河边，刘禹锡随遇而安，便在这河边住下来，春天一到，这岸边杨柳婆娑，山清水秀，小鸟浅飞。刘禹锡见此景色，更是怡然自乐。于是，他又撰写一副对联：杨柳青青江水平，人在历阳心在京。张贴门上。

知县闻讯后，更加恼怒，又下令将刘禹锡撵到城中一间只能放一床一桌一椅的破旧小房中居住。半年光景，刘禹锡的家被折腾了三次。一次比一次差，但刘禹锡不为所动，身处小屋陋室，头顶月光，身沐清风，他写了一篇《陋室铭》，并请人刻碑立于门外：

山不在高，有仙则名。水不在深，有龙则灵。斯是陋室，惟吾德馨。苔痕上阶绿，草色入帘青。谈笑有鸿儒，往来无白丁。

可以调素琴，阅金经。无丝竹之乱耳，无案牍之劳形。南阳诸葛庐，西蜀子云亭。孔子云：何陋之有？

这篇堪称字字珠玑、错落有致、构思巧妙、寓意深刻的《陋室铭》，充分表达了作者高尚的节操和安贫守志的生活情趣。刘禹锡身居陋室却能安贫乐道，随遇而安，保持高洁傲岸的操守。

# 米勒的选择

米勒从偏僻的农村来到繁华的巴黎，为了换钱吃饭，他只能画最畅销的裸体画。

一天晚上，他孤独地徘徊在巴黎街头，在一个明亮的橱窗前，他听到两位青年在议论着陈列在这里的一幅少女裸体画："这幅画糟糕透了，简直令人厌恶。"

"是啊，是米勒的画。他是个除了裸体女人，什么也画不出来的人！"

米勒回到家中，痛苦地对妻子说："我决定今后不再画裸体画了，就算生活将会变得更苦，又有什么办法呢？我已经厌恶巴黎，我想回到农村去，住到农民中间去！"

米勒很快移居到巴黎附近的巴比松。在这里，他用自己烧的木炭画素描，靠朋友的接济度过最困难的日子，还要经常对付资产阶级文人学士在艺术上对他的诋毁和攻击。但是，他始终没有动摇，坚持表现农民题材，他画的《播种》《拾穗者》《扶锄的人》等都是世界美术史上十分著名的作品。巴比松风景优美，附近就是枫丹白露森林，后来一群画家聚集到这里，形成了著名的巴比松画派，米勒是这个画派的代表。

这位享有"农民画家"之誉的法国现实主义艺术大师说过："我生来是一个农民，我愿意到死也是一个农民。我要描绘我所感受到的东西。"

米勒最初为了糊口，随波逐流地画起了裸体画，没能得到别人的赞赏，反而引来嘲讽和诋毁，随后他回归农村，画农民题材的作品，终于取得了成功。

如今，随波逐流是很多人的通病。知识分子看到 MBA 吃香了，就一股脑地赶着去为自己镀金；大家看到炒股炒基金的人赚钱了，借钱也要入市一回；农民看到别人种西红柿卖了高价，于是就把地里的黄瓜拔了种西红柿。其实，在潮流面前，我们更应该保持清醒的头脑，有时候你的能力并不适合在目前的潮流里打滚，那就要看清自己的特长和兴趣是什么，找准发展的方向。如米勒，他不适合当画裸像的贵族画家，那么就当农民画家好了，一样的出色和成功。

# 人云亦云的八哥

一群喜鹊在女儿山的树上筑了巢，在里面养育了喜鹊宝宝。它们天天寻找食物、抚育宝宝，过着辛勤的生活。在离它们不远的地方，住着好多八哥。这些八哥平时总爱学喜鹊们说话，没事就爱乱起哄。

喜鹊的巢建在树顶的树枝间，靠树枝托着。风一吹，树摇晃起来，巢便跟着一起摇来摆去。每当起风的时候，喜鹊总是一边护着自己的小宝宝，一边担心地想：风啊，可别再刮了吧，不然把巢吹到了地上，摔着了宝宝可怎么办啊，我们也就无家可归了呀。八哥们则不在树上做窝，它们生活在山洞里，一点儿都不怕风。

有一次，一只老虎从灌木丛中蹿出来觅食。它瞪大一双眼睛，高声吼叫起来。老虎真不愧是兽中之王，它这一吼，直吼得山摇地动、风起云涌、草木震颤。

喜鹊的巢被老虎这一吼，随着树剧烈地摇动起来。喜鹊们害怕极了，却又想不出办法，就只好聚集在一起，站在树上大声嚷叫："不得了了，不得了了，老虎来了，这可怎么办啊！不好了，不好了！"附近的八哥听到喜鹊们叫得热闹，不禁又想学了，它们从山洞里钻出来，不管三七二十一也扯开嗓子乱叫："不好了，不好了，老虎来了……"

这时候，一只寒鸦经过，听到一片吵闹之声，就过来看个究竟。它好奇地问喜鹊说："老虎是在地上行走的动物，你们却在天上飞，它能把你们怎么样呢，你们为什么要这么大声嚷叫？"喜鹊回答："老虎大声吼叫引起了风，我们怕风会把我们的巢吹掉了。"寒鸦又回头去问八哥，八哥"我们、我们"了几声，无以作答。寒鸦笑了，说道："喜鹊因为在树上筑巢，所以害怕风吹，畏惧老虎。可是你们住在山洞里，跟老虎完全井水不犯河水，一点儿利害关系也没有，为什么也要跟着乱叫呢？"

八哥一点儿主见也没有，只懂得随波逐流、人云亦云，也不管是非黑白，以致于闹出了笑话。做人也是一样，一定要独立思考，自己拿主意，不盲目附和人家。不然，就会像人云亦云的八哥一样可悲又可笑了。

人生如茶，热也喝得，冷也喝得。为什么不喝得舒服？经常有人在失败的痛苦中忍受煎熬，如果他们能换一种态度，看淡并接受它，自然就能从中跳出来。佛家有云：万物变换终归虚无。将万物看作自然，不患得患失，将心放开，做到"问君何能尔？心远地自偏"。自然就能随遇而安。

# 第 5 章

## 找到自己热衷的职业，活得精彩

艺术照最大的尴尬是什么？就是别人到你家里看着照片说："哇！好漂亮！这是谁？"职业也是一样，最尴尬的事情是：进入这个职业才发现，原来以前我知道的版本是艺术照！很多人因为一张艺术照进入某一个工作或者职位，等到发现有问题，已经过去了很久了。是退，还是硬着头皮前进？两者都代价惨重。

# 第一节　工作就像谈恋爱，真爱总要多转几圈才来

**"只和可以结婚的人谈恋爱"的想法和"我只选择要从事一生的工作"的想法一样，一旦按照这个思路行动，结果一定是没有恋爱、没有工作。因为你的选择规则本身已经把候选人删除了。**

## 絮儿的原则

絮儿是飞飞的好朋友，她有一个原则，就是自己的第一个男朋友应该是自己的丈夫。飞飞告诉她："你这样子肯定找不到好男人！这样子的选择方式只能让你遇到三种男人，天真到认为可以一见钟情的小男生、觉得结婚就行的老男人和觉得承诺反正又不上税的大忽悠。"

3年过去了，她跑过来告诉飞飞说："你完全说对了！我这3年就是遇到了三个和你说的一模一样的人！唯一不同的只是顺序是213而已！你会算命吗？"

飞飞反问絮儿："如果你是一个公司的老板，你只允许和你签订终身合同的人进入你们公司，那你会迎来些什么人？"

絮儿说："如果那样，也许只有三种人会来应聘：

1. 天真迷惘，刚刚毕业，觉得自己会在一家公司干一辈子的员工。

2. 身心疲惫，希望自己随便找一家公司干下去的"老油条"。

3. 觉得反正先干着，大不了付一点儿违约金的员工。

絮儿说完恍然大悟："难怪被你说中！"

飞飞不会算命，飞飞只是很熟悉絮儿的思路。只要照着这个思路行动，就可以预见它的结果。就好像一个程序员敲下回车键的时候，他其实已经能够猜出来程序最后的结果。

# 中一张彩票

有一个虔诚的基督徒，他每天走进教堂，对他的上帝祈祷："主啊，我是一个好教徒，我这一辈子从没有做过坏事。我只有一个愿望，希望你让我中一张彩票！"他在世的时候天天这样祈祷，还是一无所获。死后他来到天堂，见到上帝，于是很生气地质问他："为什么我这么虔诚地祈祷，你却从来不帮我？"上帝无奈地说："我愿意帮你，可是你至少先买一张彩票吧！"

这个故事告诉我们：如果只有确定能够中奖才去买彩票，上帝也帮不了你。同样的道理，对于我们大多数人来说，一下子就找到终身事业和中彩票的概率差不多，如果你只有确定了一个所谓的终身事业才开始投入，你永远也找不到自己的目标。

尝试总是冒险的，而不尝试是最大的冒险。很多人有这样的错误想法：只要发现了真正想做的事情，我就会全力以赴地投入工作，不会像现在这样吊儿郎当。

# 不尝试是最大的冒险

自打去年从一家小民企辞职，小阳还是提不起精神来进入一份工作。她在家这一年，也有进入其他公司的机会，但是她觉得那不是她特别喜欢的，所以都拒绝掉了……做了两年的会计工作，她深深地体会到干不喜欢的工作的痛苦，她希望选择一个自己对其真正有热情并可以做一辈子的工作。

一年多下来待在家里，看着原来的同事们有的升职，有的跳槽，有的改行到自己喜欢的工作，而自己却越来越消沉。妈妈很着急，问她到底喜欢什么？

小阳说自己也不知道。但是她说："一旦我发现了真正想做的事情，我就会全力以赴地投入工作，不会像现在这样吊儿郎当！"一直到今天，她还在等待。她很困惑，她不过是想找一份她喜欢的工作，这有错吗？

在我们的身上，有没有小阳的影子？我们希望遇到自己真正感兴趣的工作，但是我们却不愿意做一些尝试。我们被以往的痛苦工作经验吓怕了，或者看过太多职业发展的书，那些书联合起来就是为了告诉你一个道理：世界上一定有你最感兴趣的工作，如果你找不到它们，那你这一生就没有希望了。于是你开始寻找这个"MR.RIGHT"，你做了无数的评估，每一个都似是而非，你问了很多的人，每一个都各抒己见。你开始越来越困惑，最后你决定等待一个一辈子的兴趣出现，然后开始全力以赴，这样不至于浪费自己的时间。你开始希望先中大奖，再买彩票，这么做，上帝也帮不了你！

相信你一定认同，只有找到切合自己深层志趣的工作，才是真正适合你的。但是一个可以持续一辈子的兴趣是怎样产生的？我们应该对兴趣有一个深入的了解。兴趣有三种境界：兴趣、乐趣和志趣。

◇兴趣是让你好奇的东西，让你觉得可以尝试一下。兴趣被乐趣强化以后，就会成为乐趣。当你在这乐趣中找到自己存在的意义的时候，志趣便应运而生了。

◇乐趣会让你在其中获得快乐，也让你可以快乐地进入其中。

◇志趣会让你在其中找到自己的价值，让你可以投入一辈子。

还是用恋爱来打比方，恋爱有三种境界：一见钟情、两情相悦和白头偕老。你需要一见钟情很多人，两情相悦一些人，然后才会白头偕老一个人。最好的方式是：年轻的时候你可以一见钟情，但是到了一定年纪你就该两情相悦一段，然后选择和一个人白头偕老。最糟糕的方式莫过于这样：年轻的时候你遇见谁都想白头偕老，年老的时候，你看到谁都一见钟情。

职业也是一个道理。年轻的时候，你应该凭着好奇，尽量多做一些尝试和体验一些工作，慢慢地在其中寻找到自己感到乐趣的几个，最后自己专注于投资其中一个。最糟糕的往往是年轻的时候你看到什么都想做一辈子，等到年老的时候，你还总是这样，什么都只能做一阵子。

着急选择的后悔模式和总在等待的错过模式，都会让你不可避免地陷入"后来"模式，在未来为自己的决策后悔。打破这种模式的方式就是拿出一段时间寻找自己内心的基准线，然后等待目标出现，马上出手。后来，终于在错过中明白，我们如何做最好的选择。对待职业我们可以像对待恋爱一样，多转几个圈子，在兜兜转转后找到"真爱"。

# 第二节　这世上不存在完美的职业规划

## 规划的真实意义

很多咨询职业的人往往会提出这样的要求：能不能给我做一个30年的详细职业规划？职业规划报告里面要详细地告诉他们，未来1年、5年、10年、30年他们该做什么，每一步该如何做。如果有这样一张详细的规划报告，他们就可以高枕无忧地一步步地靠近自己的职业目标，不用担心有任何闪失。当然，他们这份评估报告还要包括：金融海啸什么时候来？楼价何时会跌？什么时候适合生孩子？儿子叫阿猫，女儿叫小花，等等。总之，钱不是问题，但是要够详细。

这些想法从哪里来的？你随便翻开一本书，里面会有很多这样的"完美职业规划"的例子。

陈胜是个农民，年轻时却有"鸿鹄之志"。刘邦是个小吏，当他看到秦始皇的威严时，就有了一个"疯狂"的想法："大丈夫当如是也！"刘备是个小贩，年轻时就立志"上报国家，下安黎庶"。法国皇帝拿破仑是个调皮学生，成绩一塌糊涂，他却说："我具有出色的军事家的素质，权利就是我要得到的东西！"美国前总统克林顿是个优秀学生，17 岁因成绩优异而荣获去白宫见肯尼迪总统的机会。回来后，他买了两张画像，贴在自己的房间，还写下一段话："我今年 17 岁。我发誓这一生一定要成为美国总统，服务美国民众。"这些人并非个个天赋异禀，他们的背景、学历和运气也不一定比普通人好，他们的人生起飞，在很大程度上借助了梦想的翅膀。

看到这些，是不是觉得有些热血沸腾呢？这些故事尝试告诉你：想做伟人，先立大志，然后制定一个伟大的职业规划。你应该在很小的时候就定下来，你这一辈子要干什么！否则，什么领导、主席、总统、CEO，都和你没有关系！

这里的故事和真实的历史的差距有待考证，但无论是中国的陈胜、刘邦、刘备，还是外国的拿破仑、克林顿，他们都没有做出"完美的职业规划"。克林顿倒是有点儿预见力，但是他的规划也不可能精确到这种程度：我 50 岁要当总统，所以我 40 岁当州长，我在 30 岁的时候要当议员，20 岁的时候我一定要努力追到希拉里，等等。

百分百的规划除了为自己买个安心以外，毫无作用，理由有三：

★第一：不是我不明白，是这个世界变化太快

今天的中国处在高速发展中，《活着》的作者余华说："一个西方人活 400 年才能够经历这两个天壤之别的时代，一个中国人只需 40 年就经历了。"美国人力资源管理协会（SHRM）2009 的年度报告指出：2010 年最需要的 10 种职业，在 2004 年根本不存在。

从长远发展的规划上，职业规划师不主张做 10 年到 20 年这样长时间的业务规划，一般最多只做 3 年的业务规划。曾经有一位员工做了一份未来 20 年的销售职业预测，杰克·韦尔奇问他：

"你计划在毛里求斯销售多少，你知道毛里求斯在什么地方吗？"

实际上，杰克的做法很合理——一个 10 年的规划意义不大。今天我们从事的工作，很多都是 20 年前闻所未闻的，比尔·盖茨开微软公司的时候，不可能知道今天有互联网；乔布斯做苹果产品的时候，也规划不出来 iphone。所以，职业是自身天赋和现在世界局势的结合，我们能规划的，只是目前我们视线能看到的部分。职业规划师会比你看得远一些，他也比你更了解你的天赋和未来的趋势。亚里士多德说："你的天赋与社会需求点的结合，就是你的职业所在。"天赋在慢慢增长，社会需求在不断变化，你的最佳职业也在不断变化。

★第二：一个过于明确的目标，会让你对新出现的机会熟视无睹

设想一下，如果你从 18 岁就开始规划你的未来，并且未来 20 年只往那个方向走，想想会错过多少机会？

尼古拉斯·海耶克极成功地挽救了瑞士破产的钟表产业，让他成就数十亿的钟表产业帝国，他说："你的时间需要规划，但永远不要百分之百地规划它。如果那样的话，你会扼杀自己创造性的冲动。"

★第三：请相信最好的还没有出现

《牧羊少年奇异之旅》里面有一个小的情节。当炼金士送给修士一块金子的时候，修士说："这是我一辈子最大的好运。"炼金士说："别这么说，因为生活会听见的，它会吝啬给你好运。"如果我们对未来的生活保持渴望，生活会带给你意想不到的惊喜。

小明毕业于建筑工程专业。尽管在大学里他很痛恨自己的专业，但是他从来没有想过，自己有一天会以做培训师和咨询师为生。

大学毕业以后，小明在一家英国建筑师事务所做了半年，实

在不能忍受画图之苦，就辞职了，和两个朋友合作开始做装修工程。装修很累，小明发现最吸引自己的是做建筑设计。很快小明决定出国读建筑学，为了出国，自然就到一家培训机构学外语。

在培训机构上课的时候，小明深深地被这样鲜活的老师和身边这些同学打动——他觉得这样讲课，自己也能做到！他喜欢和这些人这样相处！于是他决定在这个地方成为一名老师。

再后来，由于小明看到很多人读着最好的大学，做着最好的工作，仍然过得痛苦不堪，他觉得告诉别人为什么出国，比帮助别人背单词出国重要。于是他开始做职业规划咨询。

这个时候小明绝望地发现，自己又和这些人远离了。职业规划的一个咨询需要花费的时间太长，很少有人可以支付这样的费用。就算小明全部做公益咨询，也无法解决大部分人的问题。这开始让小明开始做职业规划的培训，这是他目前可以看到帮助更多人找到自己方向的方法。

小明 20 岁大学毕业的时候，从来没有想过自己的生命会像上面讲的那样。他曾经以为自己会成为一个音乐乐手，有自己的录音工作室，又或者是一个海归建筑师，在中国有几所自己的房子。但显然，小明的规划完全失败了。他在做一个让人认清自己，并成长为自己样子的机构，帮助人们从思想的镣铐中解放，活出自己的精彩。


回想 10 年前的那个小明，曾经一脸稚气，一心想当上建筑师，那个时候他又怎么可能规划出来这样的生命？生命给小明的规划远远比他想象得要好。假如生命是旅途，你的眼睛就好像探照灯。你永远只能看到你所在之处的 100 米，100 米开外的地方到底怎么样你并不清楚。你能听到很多传奇和故事，但是无法做确切的计划。在你的视野范围之内，你需要精细的计划；在你听说的范围之内，你需要大方向的规划；而在那些你连听都没有听过的地方，你需要的是相信。

## 怎样进行合理的规划

一个完美的职业规划是不存在的，但这并不意味着人要走向事物的另一个极端——完全放弃规划。有人会说：啊！原来职业规划是骗钱的，让我们去疯狂吧！聪明的画家都懂得，虽然我们不能用彩笔一下子勾勒出图画，但是有一个铅笔草稿会让你更容易达到目标。我们需要用职业规划为未来打一个草稿，抓住那些真正的实质和不容易改变的东西。

《周易乾凿度》云"易"一字含三义：所谓易也，变易也，不易也，即简易、变化、不变三层。"道"是不会改变的，而"法"会简单地改变，至于做事情的"术"，就会经常地改变。

职业规划中，人的价值观和人的天赋就是"道"。人的深层价值观和天赋，是不会改变的，这会决定一个人以后大概的方向和趋势。国人常说"三岁看老"，三岁的时候就能知道你未来的发展大方向。

职业规划中的"法"，指的是人做事的态度和方法等。一个人做事的方式会随着时间的推移和外界的变化缓慢地改变，比如说我们在还是小孩子的时候，主要通过体力方面的竞争。中国的应试教育就是拼体力的，谁下的功夫多就是谁；在我们进入社会的时候，我们通过能力来竞争。知识多没有用，关键是能用出来；人到了 30 岁以后，主要靠的是资源的竞争。力量再大，能力再强，也需要看到自己的极限。你的体力有多少？你的能力有哪些？核心竞争力是什么？这都是"法"的改变。

另外，外界的环境也会导致"法"的变化。比如说 10 年前，中国一流的学生的发展方式一般是考进清华北大，接受一流教育，然后最优秀的人拿奖学金出国。这是当时的"法"；现在有钱的人多了，大家的"法"就有点儿改变。最好的家庭会在高中的时候把孩子送出去几年，然后争取进国外的名牌大学，学成后再回国发展；还有一些学生会在高考的时候选择国外或者香港的大学；当然，还有一部分人会进入中国最一流的高校。但是教育资源从按照分数分配到了按照财富、能力、分数多元化的分配，教育资源的范围从中国变成了世界，这都是"法"的变化。

"术"是指具体的实践操作的方法，职业就是一个人和社会合作的手段和方式。你可以在这个地方用这个职位来做，也可以在那个地方用那个方式来做。职位可以不停地变动。

美国的副总统戈尔，退休以后拍了一个关于环境保护的片子，还获得了奥斯卡奖。戈尔希望搞环境保护，他可以在副总统的位置做，也可以在导演的位置来做。因地制宜，环境变了，职位也就相应会有改变。

职业规划就好像是打牌。你永远无法完全按照你想的来出牌，但是你在开始之前，整理好你的牌，对胜利大有益处。

下面是关于一个好的职业规划的几个建议：

◇应该有一个 20 年的梦想，尽可能大一些，抽象一点儿。因为 20 年是很长的时间，有可能发生任何事情，这个计划主要以你的梦想为主。

◇给自己一个不超过十年的理想，这个计划主要以培养和发展你的核心竞争力为主。

◇瞄准一个五年内能达到的目标，细分成为 3 年的职业计划。详细地了解你和这个职业的差距。这个计划以务必达成的执行为主，同时给自己一个 PLAN。

◇把你的规划保留下来，每隔一个月看一看，让自己保持进度。

◇每隔半年停下来回顾你的计划。

◇对新的机会和趋势永远保持警醒。

# 第三节　高职高薪的背后也有苦楚

很多人都渴望获得高职高薪，拥有高职高薪似乎是人们身份地位的象征。有句话是这样说的：高职不如高薪；高薪不如高寿；高寿不如高兴。其实，很多表面风光的"高职高薪"背后也有其苦楚。

## 啊……那是广告

有一个好人，死后上了天堂。他看到天堂里的每一个人都很和气，他们穿着白色的衣服，头顶着光环快乐地走来走去，中午他们会在白色的大厅里吃牛排喝红酒，谈论思想和哲学。他心里想着，天堂真不错。

按照规定，他还可以去地狱看看，然后决定在那里待下来。

于是下午，他坐着一个长长的降梯，下到地狱。这里的情况实在太让他震惊了！地狱里面的每个人都开着自己的凯迪拉克，他们在洒满阳光的沙滩上追逐穿比基尼的美女（女士们则追逐穿健身裤的壮男）。晚上他们穿着礼服，手端着酒杯参加盛大的宴会，大谈自己的快乐经历。

这个人有点儿犹豫，他拉住一个路人问："这里是地狱吗？"

"这就是地狱，地狱欢迎你！"路人笑着和他干了一杯，然后笑着跳舞去了。

回到天堂，天使问他是否决定好了要永远在哪个地方待下去？他迫不及待地说："我要去地狱！马上！"

于是又是那个长长的升降梯，他下到地狱。电梯门一开，就有一个魔鬼走进来，抓住他的头发把他拖出来："快！下油锅的时间到了！"

这个人很害怕，但是还是问道："那些凯迪拉克、美女和盛大的宴会去哪里了？"

魔鬼想了想说："啊……那是广告。"

职业的选择和选择天堂一样，很多适合你的工作会显得不那么光鲜，而很多听上去的"好职业"，也许恰恰是"广告"。

比如律师，很多年轻求职者提到律师，总是想到公正、严肃，主持正义。但是最近一项在律师行业内部的调查显示，有82%的律师觉得自己很少在做"真正公正"的事情。

同传行业以精英云集、收入高而著名，但是由于精神压力大，超过35岁继续干下去的人不多。考虑到同传最佳受训阶段是30岁以前，如果你今年28岁，出于对英语的热爱而刚刚准备入行，那么就要冒着只有几年时间工作的风险。

著名的四大会计师事务所你一定听说过，并且羡慕不已。普通大学生进入一个月的薪水要比一般毕业生的高出许多，加班还有很多的加班费。但是请注意，他们的新人（以审计部为例）每周平均工作时间经常是60到90小时，每年平均出差时间是170天。这样算下来，他们的时薪甚至比一般的外企还要低。更重要的是，由于不停地工作，你几乎丧失了参加外部学习，了解和进入其他行业的机会。

记者的自由、天马行空和四海皆朋友一定让你很喜欢。但是大部分记者的收入都并不高，每月只有几千元工资，而且还面临着每周发稿和长期焦虑。

其实每一个职业都没有你想的那么美丽。也许你只看到了"广告"，而看不到广告背后的东西。所以，当你千辛万苦，最终进入一个职业和公司，才惊恐地发现原来这里和想的不一样！

# 职业的艺术照

小敏是一家著名的会计师事务所的所得税会计，三年的事务所生涯让她的生活有了一些经济基础，但她觉得压力很大，近期她的家庭出了一些问题，给她本来就疲惫不堪的内心压上了最后一根稻草，她彻底崩溃了。向公司请了一个月的假，在家里休息。

朋友建议她去做一个心理咨询。第一次的咨询小敏很抗拒，觉得自己没什么病，看什么心理医生。好在心理医生对这样的病人见得也多了，先稳住她，然后慢慢进入正题。几次咨询下来，小敏对心理咨询的印象完全改观，她也慢慢地从心理阴影中走了出来。她觉得心理咨询师太伟大了，就是从心灵黑暗中拯救人的天使！

一个月后上班的第一天，重新面对压力和无聊的旧工作，小敏突然萌生一个想法：我应该去做一个心理咨询师！每天有自己的可控时间，帮助别人解决困难和问题，那才是我喜欢的职业！

多年的外企经验让小敏成为一个想到就干的人。她辞了职，报了一个北师大心理学的在职研究生班就开始了学习。等到第二年的时候，她又报了一个三级心理咨询师，开始进入实习咨询。

等实习咨询开始了，小敏才发现自己原来的想法完全错了，

D

第 5 章

找到自己热衷的职业，活得精彩

心理咨询师是一个压力更大的职业—每天要经受很多病人的负面情绪，而且结束后还要写案例总结，几乎没有自己的时间。最糟糕的是，心理咨询这一行业在国内还没有发展起来，心理咨询师很难单凭咨询赚到维持生存的钱。

两年过去了，积蓄也快花光了，小敏到底应不应该继续这份工作？

小敏的困惑源于她的一个逻辑错误：我喜欢心理咨询，是不是就等于我喜欢做心理咨询师？我爱听刘德华的演唱会，是不是意味着我就要去当歌手？吸引小敏的不是心理咨询师的真实面目，而是心理咨询师的艺术照。

艺术照最大的尴尬是什么？就是别人到你家里看着照片说："哇！好漂亮！这是谁？"职业也是一样，最尴尬的事情：进入这个职业才发现，原来以前我知道的版本是艺术照！很多人因为一张艺术照进入某一个工作或者职位，等到发现有问题，已经过去了很久了。是退，还是硬着头皮前进？两者都代价惨重。

为了不被"完美"的职业所蒙蔽，首先我们不能相信有完美的东西。世上确实有那种一夜暴富的职业，也有那种纯靠黑幕生存的职业，还有所有人无比羡慕，当局者却痛苦万分的职业，但是世上并不存在一份完美的职业。

无论你要进入任何一个行业和公司，在收集这个行业的好处和优点之后，一定要问问自己，这个职业的缺点是什么，自己能否欣然接受。

# 第四节　不投简历也能
# 　　　　顺利入职的方法

假如不递简历，不上网站，不走后门，怎样才能进入一个职位？下面是经过多年实践的几种求职方法，或许会为你的求职带来新鲜思路。

## 职业访谈

职业访谈是了解职业的好办法，其实也是一种求职的好办法。在访谈中，你有机会接触到企业中最优秀的人士——如果只是通过面试，这些人你可能一辈子也见不到。而且最重要的是，在访谈中你建立了一种教导与被教导的师生关系，而不是挑选与被挑选的求职者和企业方的关系。

你或许担心这种方式会不会很容易被拒绝，一开始也许你的确会被拒绝那么几次，但是请记住，优秀的人都有一个良好的品质——愿意帮助别人。你会惊喜地发现，如果你勇敢尝试，大概会有20%的人接受你的访谈。

职业规划班的小孙是一个职业访谈求职的高手。她先通过 cold call 一个个找到她要访谈的对象，然后约好时间，按时打电话过去或者当面拜访。每一次拜访的时候，她总是会问这样两个问题："对于我这样一个人，如果要进入这个职业，您会给我什么建议？""什么时候我会知道我能够胜任这份工作？"

如果前面访谈得很好，这时候气氛快乐真诚，对方往往就会给她一些关于这个职业（其实也是这家企业）的关键建议和硬性要求。接下来几个星期，小孙会发一些感谢的邮件以及一些计划书，想听听专业精英对这个计划的看法。

3个月以后，小孙带着她的简历以及这3个月中针对要求积累的案例过来应聘这家公司。你能猜到结果吗？

结果应聘得非常顺利，因为小孙现在具备的一切能力和素质，都是企业方自己说出来的，小孙把自己定制成一个属于这个企业的人。

用这种方式求职的最核心要点是：要认真倾听，尊重对方。还有永远不要在职业访谈里面谈求职的事。

# 给名人写信

很多人都质疑给名人写信是否奏效？答案是非常有效！名人看上去高高在上，其实却是最孤独的一些人。因为他们的光环和名望，很少有人敢和他们平等地对话，也很少有人给他们真正的建议。也正是因为这样，给名人写信是不错的求职方式。

徐小平老师的亲传弟子Robin原本是出版社的一个编辑，他是怎样进入职业规划行业，并且获得这么让人羡慕的机会的？原来Robin看完了徐小平的书以后，给他写了一封信，谈到他对徐老师书的一些看法，并且邀请他出版一本书。徐老师平时受到无数粉丝们的热爱，被追捧得不行，突然有一个年轻人来砸砖头，而且还字字中的、文风犀利，徐老师觉得特别喜欢。于是邀请 Robin 来北京面谈，等到 Robin 还在想怎样拉徐小平出书的时候，徐老师说不如你就做我的助理吧！ Robin 于是留了下来。

尽管是无心插柳，但 Robin 发给徐小平老师的信却让他成功吸引了对方的注意，让自己的职业发展道路出现了意想不到的转机。

张玲参加求职培训的课程后，十分想进入这家公司工作，但是觉得能力不足以进入这家公司，于是她去另外两家机构培训，一边学习知识，一边思考她心仪的这家企业的定位。

这期间，张玲给这家公司的老板写了三封信，信中以一个前学员的身份告诉老板，其他的机构是怎样操作的，对于求职还有什么观点，这家公司有什么优势和劣势。如果要建立起网络营销，她的思路是什么。张玲的第一封信老板没有看，转给了市场部经理，第二封老板打开觉得很有道理，等到看完第三封信，老板起身去找他们的团队成员，说我们要把这个人争取过来！张玲于是加入了这家公司。

有人会问，如果万一写砸了怎么办？那也无所谓，反正名人都很忙，过一段时间就把你忘了。你换个网名继续写，写到他认识你为止。也许多年后你们坐在一起，他会说你小子不错，当年幸好我通过邮件发现了你，果然没有看走眼。不像以前有个不靠谱的家伙，什么都不懂还敢乱写。这个时候你可以很淡定地说，那其实是我的笔名。

# 参加培训班学习

韩国有钱人家的孩子，从高中就开始送往海外读书，成为国外名校博士回来以后，第一件事情是做什么？就是在本地的第一高校读一个 MBA 学位。不是为了学位，而是为了获得行业内的人脉，因为同学对于工作的帮助实在是太大了。

职业规划的培训课上，有一个"班级资源图"的游戏，这个游戏总会创造一两个职业机会。一名英语教师在分享自己的职业发展时，讲到自己高中毕业后没有考上大学，然后如何打拼成为今天的英语名师，一个大学的老师站起来说，你一定要来我们学校给孩子们讲讲你的经历。

一个 NGO 组织的大姐上来分享自己做非营利组织的艰辛与快乐，下面马上有人举手说，我找你们很久啦，我想加入可以吗？在广州的一期职业规划培训中间，一个自愿上来扮演职业规划当事人的学生在被咨询完以后，被启德、格兰仕和移动的三家人力资源师看中，因为他们觉得这个孩子其实很不错呢。

实际上，培训界很多公司几乎 80% 的员工都曾经是他们的学员。如果你找不到进入工作的方式，那就找一个培训课程上吧！

培训和学习是最轻松的把大家联合在一起的方式，众多的游戏和分享让你有一个绝好的机会展示你自己，把自己推销给身边的人。如果这是一个面试，这个面试的成功率一定很高，这里面的面试官和蔼可亲，面试环节超长，机会超多，而且面试者只有你一个。

## 成为一个自由职业者

如果上面的方法都不能让你找到一份工作，那我只能告诉你，你的工作太超前了。如果你真的有信心，你不妨尝试自己雇佣自己，成为一个自由职业者吧！

情感评论家这个职业以前有吗？连岳写着写着就写成了。童话大王郑渊洁由于不满意市面上的童话书，就开始自己写起来。假如你真的找不到一份适合的工作，那就自己创造一个吧！

# 第五节　怎样选择职业
# 才不会后悔

刘若英在《后来》中唱到："后来，我总算学会了，如何去爱。可惜你，早已远去，消失在人海。后来，终于在眼泪中明白，有些人一旦错过就不在……"简单的歌词直指人心，无论是感情的选择，还是职业的决策，我们总是等到明白了最好的选择，却发现最好的选择"一旦错过就不在"，这往往让我们后悔不已。

## 柏拉图的问题

相传这是苏格拉底和柏拉图的故事：

柏拉图来问老师：什么是爱情？苏格拉底没有回答，以一个哲人独有的狡黠给柏拉图布置了一个任务：看到那片麦子了吗？从里面摘出一颗最大最好的麦穗。但只能摘一次，而且不能回头。

柏拉图第一次走进麦田，他发现很多很好的麦穗，他摘下了他看到的第一个比较大的麦穗，然后继续往前走，却沮丧地发现自己越走越失望，前面还有不少更好的，但是他却不能再摘了。走出麦田，苏格拉底告诉他：这种选择叫作"后悔"。

柏拉图第二次走进麦田，他依然发现很多很好的麦穗，但是这一次他吸取教训—前面一定有更好的。他一直向前走，直到发现自己差不多走出了麦田。按照规则，他回不去了，而他刚刚错过了最好的麦穗。没有办法只有随便摘了一个。柏拉图走出麦田，看到不怀好意的苏格拉底对他笑。原来苏格拉底早就知道自己会这么干，他对随便摘下一个麦穗的柏拉图说：这种选择叫"错过"。

柏拉图的问题，其实就是我们面临的选择问题。面对职业、爱情、机会的诱惑，你往往第一次"后悔"，第二次"错过"，但是你永远不能后退。如果你既不想后悔，又不想错过，那么什么样的心智模式能够帮助我们做最好的选择呢？

# 100 位公主的彩礼

假设你是一个王子，有 100 位波斯公主远道而来向你求亲。每一个公主都带来了一箱彩礼。她们只会和你见一次面，打开她们的箱子，展示她们丰富的彩礼。而你需要马上回答，是否愿意，否则她们就会离开，再也不回来。假设这个王子是个大财迷，加上波斯公主都蒙着脸，无法分辨。所以你完全不考虑外貌，你只希望收到最多的礼金，这种情况下，你的决策模式是什么样的？

和苏格拉底的故事类似，如果你一开始就选择，那么很容易陷入后悔模式，后面的公主也许更有钱呢？如果你一开始就观察，那么很容易错过最好的公主，她们可能再也不回来了。

这是一个数学问题。从概率上讲，其实我们有下面这个最好的选择策略：你应该把前37位公主作为观察样本，在前37个人中间不做任何选择，只是做一个判断，大概的财富应该是多少？在剩下的63位公主中间，一旦超过这个数值，马上做出选择。这样的选择是最科学的，也是最合理的。

我们生活中的选择也是一样的。让自己不后悔的最好方法，就是在进入未知领域的时候，给自己一个不做选择、观察的空间和底线，在这个之前，不要做选择的决定，一旦过了这个底线，就大胆地开始选择。这就是最好的选择模式。

到旅游景点买东西，你会怎样决定自己的购买决策？先不要着急在第一时间购买，而是先逛过去，了解一个大概的价钱，在差不多三分之一的时候才开始购买，这样最不容易花冤枉钱。

购房的时候也是一样。先让自己决定大概要看几套，把前面的三分之一纯粹作为样本，往往会有很好的收益。在股票市场中，高手们很少会在最高抛出，在最低买入，这是因为他们也需要一定的"观察"样本，来保证收益最大。

职业的选择也应该如此。如何找到最适合自己的工作？由于适合的职业是人与职业的匹配，所以你也需要建立关于自己的"基准线"。有一段时间的工作经验和自我观察能够很好地帮助你找到自己的"基准线"，而了解不同的职业也是帮助你找到好工作的"基准线"。

在新精英的职业发展课程中，往往会要求新精英们花一周的时间来做他们准备进入工作的调查报告（我们称为 VR 职业调查）。了解自己适合什么类型的工作，盘点自己在不同职业里的不同能力，了解目标公司的收入、待遇、发展路线图。有的人甚至在这家公司兼职先做上一两个星期，然后再开始确定。这样他们能做出未来不会后悔的选择。这种思维模式也能很好地解决大学生毕业签约公司的焦虑：各种公司的签约一起来，马上签约害怕"后悔"，一直观望又担心"错过"。这个时候可以把今年前 37% 的时间作为观望期，根据自己的水平制定出一个可以接受的水平，一旦看好，马上出手签约。

事实上，我们可以用很小的代价了解职业的真实信息。

◇做一个职业访谈

职业访谈就是找到在这个职业中的成功人士进行访谈。他们往往是这个行业内最有洞察力和经验的人。通过一系列相关问题的采访，你可以很快地了解到这个行业的职业内幕。

◇参加一个与目标职业相关的培训

培训一般是接触一个行业的最直接的手段，因为那里汇集了一群和你目标一样的人和这个行业中最优秀的从业者。他们的信息和意见对你非常重要。

《如何用〈金刚经〉做企业管理》的作者罗奇格西（Michael Roach）从印度学佛 22 年回到美国，却希望找到一个钻石加工行业的工作。他用了半年的时间求职，结果一无所获。要知道，即使在世界上最大的钻石加工厂里，所有的钻石都可以被轻松地装进一个手提包里拿走，这样的行业需要高度信任，一般都是家族垄断的，外人根本无法进入。于是他上了一个关于钻石的培训班，在培训班里面，他认识了一对来美国投资的夫妇。课程结束后，他成为美国公司的经理。

如果一个 22 年来没有任何经验的佛学博士都能通过培训找到像钻石这样封闭的行业的内部信息，你是不是也一样可以通过这种方式进入任何你喜欢的工作？

如果你喜欢心理咨询，你可以通过读一个周末心理咨询课程来了解，同时观察一下自己是否适合这个职业。培训的老师一般是这个行业比较杰出的人，他们对于你的评价和建议对于你进入这个职业相当重要。如果你最后觉得合适，你正好可以通过这个培训进入该行业。如果不合适的话，那就更好，你至少让自己少浪费了两年时间——而且，学学心理学对于你的未来新方向也很有帮助。

很多摄影师、瑜伽教练、培训师、时装买手、设计师等相对封闭的行业，大多都是通过参加培训的方式进行。

◇加入一些专业知识论坛或者博客群

很多职业有自己专业的论坛。这些论坛里面会给你提供大量的职业信息和入门资料。注意这些论坛里的精华帖，那可能是重要的职业信息。另外论坛里面也会有无数的专业人士，他们会回答你的各种职业问题，打击你不切实际的想法以及给你真正有效的建议。

小芳工作 4 年，在一家民企里面做文员。文员的工作非常闲，正好她对人力资源感兴趣，闲着的时候总在人力资源师的论坛里泡着，看看大家的帖子。虽然半懂不懂，却觉得很有意思。有一次公司 HR 同事过来打印资料，不小心落了最后一页。小芳一看觉得熟悉，她在论坛里面看到过，这是人力资源的一个测评，叫作 16PF。

她就给人送了回去，嘴上还说："你们这个 16PF 落下了。"

正好 HR 的总监在，就问她："你知道什么是 16PF 吗？"她说："我知道啊。"于是就把平时看的内容说了一通。HR 总监很好奇，问她怎么会知道这么多？小芳说："我平时自己学的（她当然没说是在平时上班时间学习的）。"HR 总监说："不错，不如你来我们这个部门做招聘吧。"于是小芳从文员正式转入了人力资源行业了。这个故事还没有结束，小芳在新的岗位上班，同时继续她的泡论坛事业。三个月以后，小芳看到一个楼主说，他们企业需要一名招聘经理，小芳第一时间看到帖子，马上留言，同时 E-mail 简历。没多久，论坛上来了一条短信，里面是一个电话。小芳在电话里报上名，没用三言两语，对方就说："过来上班吧。"现在小芳已经是某外企的招聘经理了。像小芳这样，泡好了专业论坛，是一个巨大资源。

### ◇浏览招聘网站和公司网站

怎样在招聘网站找到职业信息？随便进入正规的职业网站，输入你想去的职位，比如"市场部经理"。你至少会找到一两百个这样的职位，点击进入以后，你可以看到"职位描述"。收集大概 5 条这样的信息，这个职位的大概内容和要求就全了。

### ◇查询职业数据库

国内有很多关于职业的数据库，里面有大部分职业的详细介绍。数据库的数据主要有三种：国家的、第三方公司的和网友自发的。

国家的数据库，比如 1999 年出版的《中华人民共和国职业分类大典》这样的书，职业信息多而全，适合研究，但是对于想了解一个职业的老百姓来说，花 200 多元买太不值了。

第三方公司的数据往往比较全面，内容也是大家关心的，入职要求、平均收入、工作内容相对比较全面。但是由于能力有限，并不是每一个数据都精准。

　　网友录制的职业信息是最值得推荐的一种，这种数据库比较真实，而且很多是音频或者视频的。你可以通过视频直接看到职场人士的状态和气质，比起单调的文字描述要好很多。如果你想感性地体验一下职业，一定不要错过这种职业信息。

　　无论你用什么办法，都一定要看到这个职业最原始的面目。记住，你迟早要面对一个职业的真面目，不是入职前，就是入职后。所以，越早知道越好。

# 第**6**章

## 活着，不是为了复制别人的成功

个人奋斗很可嘉，实现自我很诱人，名利滋味很甜美。但在一个社会结构中，成功人士不过1%，且离不开长期实干和机遇。若成功一学就会，且成王败寇，成功人士光荣，非成功人士可耻，那么社会中99%的大多数人还怎么活下去？生活中有许多美好的事物，这是成功学课程给不了的和教不会的。当全民成功变成狂热风潮，成功上升为绝对真理般的、人人趋之若鹜的主流价值观，而成功永远是小概率。

# 第一节　如果 13 亿人都在追求成功

"3 个月赚到 100 万""有车有房""30 岁以前退休""实现人生价值""开发个人潜能"……这个时代的上进人群在为各种模糊不清的价值标准拼命奋斗，都在迫切地渴望着成功。

读理工科的学生都学习过正态分布，这条曲线告诉大家：无论在什么群体，随机变量的概率分布总会大多数停留在某一个值前后，离这个值越远，出现的概率越小。

如果用成功来说，成功是一个小概率事件，混得太惨也是小概率。大部分人，还是过着不太成功也不太失败的日子。

## 炼金术士的梦想

中古时期的炼金术士们有一个梦想，他们认为世界上的所有物质都是炼金石与世界之魂（注：一说其实就是纯硫黄与水银）的不同配比而成，这样，如果把普通金属加上炼金石，就会变成金子。无数聪明人在其中花费了终生的时间，留下了数不清的典籍与传说，其中包括了伟大的牛顿公爵。

几个世纪以来，没有一个人公布他成功地炼成了金子。这些瓶瓶罐罐的研究倒是成就了最早期的化学家，你可以看到 alchemy 炼金术和 chemistry 有着相同的词根。

这些孜孜不倦的炼金术士们忽略了这样一个经济学常识，如果任何金属都能够变成金子，那么金子还值钱吗？

同样的道理，我们身边充斥着这样一些点石成金的成功学故事，这些观点的主要论调就是"只要这么做就能成功"，而你需要的，就是不断地去做就好啦！

## 坚持不等于成功

杨丽娟从16岁开始，痴迷香港歌手刘德华，此后辍学开始疯狂追星。杨丽娟的父母劝阻无效后，卖房甚至卖肾以筹资供她多次赴港及赴京寻见刘德华。2007年3月22日，曾经赴香港参与刘德华歌友会，实现生平夙愿，跟偶像合照。不过，其父最后由于杨丽娟的"追星"行为而跳海身亡。

杨丽娟倒没有放弃，一直在坚持，不过刘德华和朱丽倩结婚了。坚持并不等于成功，坚持只是成功的必要工具之一，然而放弃有时也是成功的必要工具。

释迦牟尼原来是印度的一位王子，住在宫殿中，父亲宠爱他，人民也爱戴他。在19岁时，他有感于人世生、老、病、死等诸多苦恼，决定舍弃王族生活，出家修行，最终创立了影响人类社会数千年的佛教。

如果释迦牟尼坚持下去，以他的福缘与智慧，是不是能成为一个英明的国王，娶很多美丽的公主，留下子嗣并培养优秀的接班人？

鲁迅在日本学医的时候痛彻地理解到，拯救灵魂远远比拯救身体重要，虽然医学即将学成，他也决定放弃，从此回国从文，成为一代文豪。如果鲁迅坚持下去，以他的深刻正直，是不是能够成为那个年代中国最好且绝不收红包的外科大夫？

李开复早年就读于法学院，后来他发现自己讨厌法学，他决定放弃，转而学习从高中时就很喜欢的计算机专业。尽管基础不是很扎实，前途看起来并不是很明朗，专业其实在学校只开了一年，但他最终在这个领域取得了很高的成就。如果李开复坚持下去，以他的影响力与儒雅，他是不是也能够成为著名律师，发表一本影响千万人的《做最狠的自己》？

他们都放弃了，一个成了释迦牟尼，一个成了鲁迅，一个写了《做最好的自己》。

释迦牟尼放弃王位，坚持了智慧；鲁迅放弃医学，坚持了救国；李开复放弃了法学，坚持做最好的自己。他们知道自己坚持的是结果，放弃的是方式。如果我们要修理一辆汽车，你会只坚持用扳手，不用螺丝刀吗？我们既可以用扳手，也可以用螺丝刀。关键是，目标是把车修好。如果我们要成功，我们既需要勇于坚持，也需要勇于放弃。坚持或放弃都是达到目标背后价值的手段，看清楚你成功背后的东西才是最关键的。

个人奋斗很可嘉，实现自我很诱人，名利滋味很甜美。但在一种社会结构中，成功人士不过1%，且离不开长期实干和机遇。若成功一学就会，且成王败寇，成功人士光荣，非成功人士可耻，那么社会中99%的大多数人还怎么活下去？生活中有许多美好的事物，这是成功学课程给不了和教不会的。当全民成功变成狂热风潮，成功上升为绝对真理般的、人人趋之若鹜的主流价值观，而成功永远是小概率。

只要坚持做，每一个人都能成功。钱越多的人，越成功。那么每人都赚了 5000 万的时候，只有赚到 5 亿才算成功？如果每人都赚到 5 亿的时候，是不是只有赚到 50 亿才算成功？

如果有那么一天，成功学的三大假设都梦想成真，每一个人都成了成功人士且月薪 5000 万人民币，那么还是会有一小撮的一群收入 5 万的和一群收入 5 亿的人，分别被称为失败者和成功人士。

人人都成功的社会未必就是一个进步的社会。正相反，如果一个社会中的每一个人，从行为模式到价值观都趋向于一致，都相信"要成功先发疯""如果我不能，我就一定要；如果我一定要，我就一定能"，都认为成功是生存的唯一目的，这个社会是很可怕的。因为，在那样一个社会中，人不再是一个个鲜活的个体，而是成了流水线上标准化的工业产品。

一个真正进步的社会应该是开放和多元的，有人愿意成功向上，这无可厚非，但要允许一些人发发呆、做做梦，过点儿没有多少追求的小日子。况且，不向上，并不必然意味着"向下"。人生并不是一条只能走到底的单行道，还应该有很多分叉的小径，通向各人心目中的秘密花园。

# 第二节 "成功故事"被注了多少水分

你可以在任何一本成功学的书里面找到相似的励志故事，但是你有没有怀疑过它们的真实性？

# 史泰龙的"成功故事"

史泰龙出生在一个"酒赌"暴力家庭，父亲赌输了就拿他和母亲撒气，母亲喝醉了酒又拿他来发泄，他常常鼻青脸肿，皮开肉绽。高中毕业后，史泰龙辍学在街头当起了混混儿，直到20岁那年，一件偶然的事刺痛了他的心。"再也不能这样下去了，要不然就会跟父母一样，成为社会的垃圾，人类的渣滓，我一定要成功！"史泰龙开始思索规划自己的人生：从政，可能性几乎为零；进大公司，自己没有学历文凭和经验；经商，穷光蛋一个。没有一份适合他的工作，他便想到了当演员，不要资本、不需名声，虽说当演员也要条件和天赋，但他就是认准了当演员这条路。

于是，史泰龙来到好莱坞，找明星、求导演、找制片，寻找一切可能使他成为演员的人，四处哀求："给我一次机会吧，我一定能够成功！"可他得来的只是一次次的拒绝。"世上没有做不成的事，我一定要成功！"史泰龙依旧痴心不改。一晃两年过去了，遭受到了1000多次的拒绝后，身上的钱也花光了，他便在好莱坞打工，做些粗重的零活以养活自己。

"我不知道你能否演好，但你的精神一次次地感动着我。我可以给你一次机会，但我要把你的剧本改成电视连续剧，同时，先只拍一集，就让你当男主角，看看效果再说。如果效果不好，你便从此断绝这个念头！"在他遭遇1300多次拒绝后的一天，一个曾拒绝过他20多次的导演终于给了他一丝希望。

三年多的准备，终于可以一展身手，史泰龙丝毫不敢懈怠，全身心地投入。第一集电视连续剧创下了当时全美最高收视纪録——史泰龙成功了！

以上就是史泰龙的"成功故事"，事实上你可以轻松地在网上查到这只是个传奇，不是故事。

首先，史泰龙的父亲名叫法兰克·史泰龙，意大利移民，是干理发美容工作的。妈妈杰西是个俄法混血儿，华盛顿出生，职业是占星师、先锋舞蹈家、女子摔跤倡导人。（按照这个职业身份，上面说的就没错，得罪他妈妈的人一定会"鼻青脸肿，皮开肉绽"的。）

史泰龙毕业后也并没有鬼混，他高中是个问题少年，后来先在一个美容学校学了几天，但是并没有成为"混混"。史泰龙当然也没有在"规划自己的人生"时候觉得"自己没有学历文凭和经验经商，穷光蛋一个……没有一份适合他的工作，他便想到了当演员。"他在迈阿密大学读了 3 年的戏剧，然后决定退学写剧本，同时做演员。他真正的事业开端也不是什么全美收视率第一的电视剧，而是 1976 年的《洛奇》，这个剧本也是他自己写的。

实际上，这个故事还远远没有达到极致的恶俗，如果按照恶俗到极致的标准，这个故事应该变成这个样子：我们要以"有这样一个人，他有着一个凄惨的童年……他青年的时候也一无是处……"开头，以"终于有一天，他如何如何了"，最后笔锋一转："这个人最后成功了，他就是著名的美国影星——史泰龙！"一般故事能写到这个程度上，名人本人基本上看着都能被唬得一愣一愣的，心想这小子不错啊。然后看到最后一行说："啊？这原来就是我啊！"史泰龙不是什么都干不了去当演员的，他是真心喜欢这一职业。史泰龙也不是喊喊"给我一次机会吧，我一定能成功"就可以有写剧本演电影的能力，他老老实实地学习了不少专业知识——心态能改变一些，但不能改变一切。

成功学是传奇还是历史？你用尽全力模仿的那些故事，有多少是真

活法的优化

实的？如果要列出这类故事的考证，我们可以举出许多例子，几乎要得罪一半听着成功学故事长大的人。举个典型的例子，比如下面这个经典的关于肯德基老爷爷创业的故事。

## 肯德基的"成功传奇"

肯德基创始人山德士 65 岁开始创业，他的创业成功给我们很多启示：成功的秘诀，就在于确认出什么对你是最重要的，然后拿出各中行动，不达目的誓不罢休。

不知道你是否听过山德士上校的故事？他是"肯德基炸鸡"连锁店的创办人，你又知道他是如何建立起这么成功的事业的吗？是因为生在富豪家、念过像哈佛这样著名的高等学府抑或是在很年轻时便投身于这门事业上？你认为是哪一个呢？

上述的答案都不是。事实上，山德士年龄高达 65 岁时，才开始从事这份事业，那么又是什么原因使他终于拿出行动来呢？当时他身无分文且孑然一身，当他拿到生平第一张救济金支票时，金额只有 105 美元，内心实在是极度沮丧。他不怪这个社会，也未写信去骂国会，仅是心平气和地自问："到底我为人们能做出何种贡献呢？我有什么可以回馈的呢？"

随之，他便思量起自己的所有，试图找出可为之处。随之，他便开始挨家挨户地敲门，把想法告诉每家餐馆："我有一份上好的炸鸡秘方，如果你能采用，相信生意一定能够提升，而我希望能从增加的营业额里抽成。"很多人都当面嘲笑他："得了，老家伙，若是有这么好的秘方，你干吗还穿着这么可笑的白色服装？"

这些话是否让山德士打退堂鼓呢？丝毫没有，因为他还拥有天字第一号的成功秘方，后来人们称其为"能力法则"（Personal Power），意思是指"不懈地拿出行动"：每当做什么事时，你必须得从其中好好学习，找出下次能做得更好的方法。桑德斯上校确实奉行了这条法则，从不为前一家餐馆的拒绝而懊恼，反倒用心修正说词，以更有效的方法去说服下一家餐馆。

山德士的点子最终被接受，但你可知先前他被拒绝了多少次吗？整整 1009 次之后，他才听到了第一声"同意"。

在整整两年的时间里，历经 1009 次的拒绝，有多少人还能够锲而不舍地继续下去呢？真是少之又少了，也无怪乎世上只有一位山德士。相信很难有几个人能受得了 20 次的拒绝，何况是 100 次甚至是 1000 次的拒绝呢？然而这也就是成功的可贵之处。如果你好好审视历史上那些成大功、立大业的人物，就会发现他们都有一个共同的特点：不轻易为"拒绝"所打败而退却，不达成他们的理想、目标和心愿就绝不罢休。

很多人都对这个故事心存疑虑，主要是不明白 1009 这个精确得吓人的数字是怎么算出来的。我们都知道，推销这件事情是反反复复的，很多客户需要一次又一次的推销才会买单，如果一个客户第一第二次说 NO，但是第三次继续推销，他说了 YES，这算是被拒几次？

我们也都知道，推销这件事情是无处不在的，吃饭和你说一次，聊天和你说一次，然后有机会再找你推销一次，这又算是几次？我们还知道推销是比较一心一意的，没时间算这个被拒绝次数——所以如果这个成功学故事讲的是真的，那么山德士一定是个心思缜密、内心阴暗的家伙。

为了证实这个猜测，我们可以到肯德基的官方论坛阅览关于肯德基创始人的生平，摘录如下：

1890 年，山德士（Sanders）出生。

1929 年，炸鸡店开张，一开始只有 6 张凳子。

1930 年，当饮食评论家 Duncan 把山德士的饭店记录在一本叫作《美食之旅》的书上后，人越来越多。

1935 年，因为他对饮食的贡献，政府授予山德士"荣誉上校"的称谓。

1937 年，山德士尝试在阿肯色州开连锁餐厅，但是失败了。

1939 年，在北卡开了另一家汽车旅馆和餐厅，也失败了。

1939 年，山德士发明了用高压锅炸鸡。

1939-1945 年，二战期间，油价上升，旅游减少。山德士不得不关闭他的汽车旅馆。等到战争后才重开。

1949 年，再一次获得"山姆上校"的荣誉称号，山德士开始使用上校称号，同时穿着白围裙，白衬衣，黑色条纹领带和黑鞋子，白色的山羊胡子，像一个从南方来的绅士。同年，他和一个雇员结婚了。

1950 年初，山德士开始给一些餐厅特许经营权，他给这些餐厅提供特殊的炸鸡秘方，收取 5% 的提成（这其实就是连锁业务的开始）。

1953 年，他的旅馆和餐馆总价值为 16.5 万元。

1956 年，政府修路，肯德基的餐厅地价下跌。他把他的财产用 7.5 万的价格卖出去用于还清债务。他几乎破产，依靠每月 105 元的救济金活着。

1960 年，肯德基有了 400 家连锁店。

1963 年，肯德基有限公司的收入达到每年 30 万。

1964 年，74 岁的山德士把自己的产业以 200 万美元卖给了由 29 岁的年轻律师约翰·布朗（JohnY.Brown, Jr）和 60 岁的资本家杰克·麦塞（Jack Massey）等人组成的投资集团。当时公司希望给他一些股份，但是山德士拒绝了。考虑到他的影响力，公司支付了他每年 4 万美金（后来升到 7.5 万）的终身年薪给肯德基打品牌广告。

1971 年，布朗和麦赛集团以 2.75 亿将这份事业出售给了休伯莱恩（Heublein）公司，是 7 年前购买的 137.5 倍。

1976 年，肯德基的年营利额已经超过了 2 亿美元。

1980 年，山德士不幸逝世，享年 90 岁。


如果这份官方生平真实无误，那么和成功学的版本有以下出入：

☆从头到尾没有人提到 1009 这个被拒绝的数字。

☆肯德基上校破产后，好像没有证据显示他突然准备对世界人民做什么贡献（他心平气和地自问："到底我对人们能做出何种贡献呢？我有什么可以回馈的呢？"）任何人在这种情况下，想的更多的是怎么让自己脱离债务困难。

☆创业年纪是 66 岁，而不是 65 岁。

☆事实上，66 岁之前，他就曾经和一些店铺达成了出卖炸鸡配方的协议。所以 66 岁的时候，他只是把实体店关闭了，专心转型做已经有成功的先例连锁而已。

☆既然已经有成功先例，2 年零反馈被拒绝却依然坚持就是鬼话。（事实上，如果你坚持两年都没有任何回馈，你最应该做的不是坚持，而是市场调查。）

如果按照故事所说，山德士被拒绝了 1009 次、坚持了近 20 年的炸鸡配方是个人成功的秘密，那么在 29 岁的布朗律师手里待了 7 年就翻

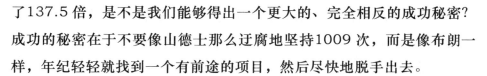

了137.5 倍，是不是我们能够得出一个更大的、完全相反的成功秘密？成功的秘密在于不要像山德士那么迂腐地坚持1009 次，而是像布朗一样，年纪轻轻就找到一个有前途的项目，然后尽快地脱手出去。

从一个故事里面，能够得出两个完全不同的结论，想成功的诸位，你会相信谁？成功学的故事只是传奇，不是事实。当我们再看到一些令人振奋不已的"成功故事"时，最好先核实一下，这当中究竟被注了多少水分。

# 第三节　模仿之前，先认清你的参照物

很多人总是醉心于一些商业大亨的成功经历，总认为通过模仿也能取得同等水平的成就或是更好的发展。可是，在模仿之前，最好先把参照物看个清清楚楚。

## 我有翅膀，你有吗？

有一天，乌鸦和猪一起坐飞机。猪听见头等舱的乌鸦对空姐说："小姐，过来，有酒么？"在空姐有礼貌地拒绝以后，乌鸦大声说："连这个都没有，开什么飞机？滚！"

猪觉得成功人士太牛了。

猪也希望成功，于是他也模仿说："小姐，过来，有酒吗？"

空姐同样很有礼貌地拒绝。猪也大声说："连这个都没有，开什么飞机？滚！"

5分钟以后，飞机舱门打开，猪和乌鸦都被从5千米的飞机上扔了出去。

这个时候，乌鸦对猪说："小样，我有翅膀，你有吗？"

模仿成功者就能成功，这是成功学的一个逻辑。然而当猪盲目地去模仿乌鸦，等到被丢到空中时，才惊觉自己和乌鸦不同。当你真正开始实践，才发现很多东西是无法模仿的，这就是生活的逻辑。

生活中常常有人会用到比尔·盖茨的例子。大意是：比尔·盖茨不也没有读完哈佛吗？为什么他可以退学，成为这么伟大的公司老总？同学们，文凭是没有用的！放弃这个东西，去做你喜欢的事情吧！

每次听到这些言论，都让人脊背发凉。我们并非反对他们真的学习比尔·盖茨，放弃学位去做那些伟大的事情。但希望他们先看完下面的这个故事。

下面引用一段美国西北大学凯洛格商学院领导力与组织学教授兼社会学教授布赖恩·乌齐（Brian Uzzi）的文章，他的研究领域包括领导力、关系网络、决策、团队合作等。

在微软成为家喻户晓的品牌之前，它的创始人比尔·盖茨拥有的社会关系网中就有一个得天独厚的优势——那就是他的母亲玛丽·盖茨——比尔·盖茨的"翅膀"。当时，她与IBM公司的高层管理者约翰·埃克斯同是一家慈善组织——联合劝募会的董事会成员，而埃克斯正在带领IBM向台式机业务进军。

有一次，玛丽·盖茨与埃克斯谈及计算机行业中新成立的一些公司，埃克斯认为它们无法与自己的传统合作伙伴匹敌，但玛丽认为 IBM 低估了这些新公司的实力。也许是她改变了埃克斯在 IBM 应该向谁采购其个人计算机 DOS 操作系统这个问题上的看法，也许是她的观点印证了埃克斯已经知晓的情况。但不管当时的实际情况到底是哪一种，反正在他俩这一席话之后，埃克斯同意考虑为小公司提供 DOS 技术方案，微软公司就是其中的一员。接下来发生的事情就人尽皆知了：微软赢得了 DOS 合同，并最终取代 IBM 成为全球最强大的计算机公司。如果比尔·盖茨没有强大的社会关系网络，这个轰动一时的新操作系统也许就会被埋没，像威廉·道斯一样变得默默无闻。

比尔·盖茨为什么能够从哈佛退学？首先是因为他有一个衣食无忧、不需要自己支撑的富裕家庭，父亲是著名律师，母亲是富裕银行家的女儿。在他 7 年级（相当于初一）的时候，他的父母让他从公立学校转学，送他到湖边学校，一所西雅图的昂贵的私立中学。第二年，学校花 3000 美元购置了 ASR-33，当时第一批能够接入分时系统编程的机器。这让比尔·盖茨在 13 岁就成为世界上最早接触计算机编程的一群人。这个年纪的他没有来自父母亲的负担，美国的福利保障非常好，这让他自己也没有什么好担心的。其次是当时的大学没有他想学的科目，比尔·盖茨的专注领域是计算机而非法律，那个时候的哈佛大学没有计算机系，而痴迷编程的他，自己就是世界上最好的编程员之一。

最关键的是，比尔·盖茨有一个强大的家庭网络，让他能链接上世界上最好的硬件公司。否则 IBM 不要说和这个年纪轻轻、不打领带的哈佛退学生签订合同，甚至连进 IBM 都有可能被拒之门外。

在满足上述条件以后，关于商业眼光和技术的比赛才真正开始。如果今天的你还有家人需要靠你养活，毕业工资不定，福利保险一个没有，创业还需要场地，家里没人没钱，当然你也可以成功，但是请不要模仿比尔·盖茨——他有"翅膀"，你有吗？

看完国外的，我们再来看一个中国的创业奇迹。

# 难以模仿的李嘉诚

传统的故事是，李嘉诚是白手起家的一代富豪的典范。一个只读完初中的人，一个茶楼的跑堂者，一个五金厂的普通推销员，成为香港的首位富豪。

这个故事是真实的。李嘉诚1940年流落到香港，3年后父亲辞世。他决定自己担当起家庭重任，开始在茶楼跑堂，钟表厂打工，在五金店和塑料厂做推销员，5年后升至经理。期间不知道尝尽多少苦楚，也收获不少能力。他看好塑料市场的发展，也意识到这是自己出来创业的好机会。他自己的积蓄只有7000港币，于是他向他的舅父庄静庵（一说为向叔父李奕及堂弟李澍霖借了4万多元）借了4万多元，一共凑够了5万元，1950年在筲箕湾开始了他的企业经营，正式步入企业家行业。但是当时李嘉诚从亲戚处借回来的4.3万元是个什么概念呢？假设当年李嘉诚不是从亲戚处借钱，而是自己打工，按照他自己5年攒7000的功力，也需要30年，塑料的时机早就过去了。1950年前后，香港人的平均月工资是250元左右。5万元是172个月的工资。如果按照北京人的平均工资是3000元算，那么这笔钱现在大概就是51.6万元。

李嘉诚的舅父庄静庵是广东潮州人，原任香港潮安同乡会永远荣誉会长，广东省政协港澳委员，广州潮人海外联谊会名誉会长，是当时香港的钟表行业的富豪。李嘉诚一开始打工的那家中南钟表店，就是他的。13 年以后，他成了李嘉诚的岳父。

不可否认，李嘉诚的成功主要来自他的勤奋、刻苦以及智慧，你可以在《李嘉诚传》里面好好看看他的故事。但是这个故事里面除了传奇和奇迹，还有一些无法模仿的非个人因素：难得的塑料、地产以及香港起飞的时代大潮。李嘉诚的成功，还有很重要的一点：一个能在关键时刻借给他 50 万元的亲戚和一个钟表大亨的"无形资产"名誉。创业不仅仅需要努力打拼和一腔热血，资本与人脉的积累至关重要。他的故事也很难被模仿。

名人成名了！他原来是 10，现在是 100，中间下了不少的功夫，这样的故事既不好看也不励志——因为太复杂太辛苦了，谁能学会？所以名人故事一般告诉你，他原来是 1，现在是 1000，中间只做了一件事情。反复地做，就成了。这样的故事就既好看又励志了。这样倒是简单，但是真能学会吗？

马云说过："很多时候少听成功专家讲的话。所有的创业者多花点时间学习别人是怎么失败的，因为成功的原因有千千万万，失败的原因就一两个，所以我的建议就是少听成功学讲座，真正的成功学是用心感受的，有一天你就是成功者，你讲任何话都是对的。"

# 第四节　成长要比成功重要得多

人们都重视成功，追求成功，理所当然地认为成功是人生最重要和最直接的目标，但对于成长，却总是有所忽视。事实上，成功只是一个名词，不同的人定义成功的标准也不尽相同，就好像一千个人眼中有一千个哈姆雷特一样。而成长却是一个人随着时间流逝不断变得圆满和成熟，它前进的脚步永无止息。因此，当你取得或大或小的成功时，请看清自己：成功只是一个阶段性的胜利，成功并不等于内在的真正成长。

成功是指你的努力有所回报，你的投入产生了效益。什么时候你认为自己成功了呢？你实现了既定的目标，你的某种愿望实现了，你把事情办成了。也就是说，成功更多是从结果来定义的。比如你想发财，结果你的投资得到了回报，你赚钱的目标实现了；或者你的目标是毕业后进入世界五百强企业，经过努力，你面试成功了。

可是成功真的就是你自身能力、心性达到圆满的证明吗？

成功是一颗钻石，而成长则是一条充满荆棘的道路。很多人为了那一颗钻石而披荆斩棘，却不知去享受自己不断超越阻碍，奔向成功的成长之路。在成长的过程中，我们收获了比钻石更珍贵的人生经验。

成功是每个人的目标，我们在努力达到这个目标时，可能会成功，也可能会失败。但无论结果怎样，我们都能看到这追逐成功的过程，看到这个过程中我们不断成长的痕迹，收获人生的"钻石"。

## 享受过程，收获比成功更珍贵

春燕的英语基础很差，面对着英语书，总感觉像在看"无字天书"，有时老师平淡地说了一声："我请一位同学讲一下这道题。"

春燕便像触了电似的紧张得手心发汗，感觉周围好静，静得好像连自己的心跳声也能听得到。后来有一次英语演讲比赛，老师鼓励春燕参加。可春燕当时说英语都结结巴巴的，更不必说去参加比赛了。但春燕还是决定去试一试。

当时老师发下演讲稿的时候，春燕顿时感到有些天旋地转，心想："我怎么可能背得下这么长的演讲稿呢？"可眼见周围的人都那么卖力，春燕也就慢慢放弃了退出的想法。

既然春燕打消了退出的想法，接下来便要努力准备比赛了。放学后，春燕坐在教室里背演讲稿。一开始，春燕感到许多词都很陌生，有的甚至读上十遍也记不住，更不必说背了。于是春燕决定采用各个击破的战术来攻克这些难关。昨天春燕记住了三个，今天春燕记住了五个，渐渐的，春燕能读完文章，又能记住文章大意了，最后终于能流利地背下演讲稿了。接下来的问题就是怎样设计表演时的动作。冥思苦想了好几天，还是没有些许头绪。恰好老师说要让同学们分组练习，春燕跟一些英语很棒的同学分到了一组，白天排练，春燕仔细观察他们的动作，放学后，春燕便在镜子面前模仿他们的一些动作，琢磨一些细节上的处理。慢慢地，春燕的表现渐入佳境，现在万事俱备，只欠东风了。

终于，决战的时刻到了，春燕在台上用英语流利地说出了自己的演讲稿，连春燕自己都很惊讶原来自己能说得这么好。即使后来没能进入决赛，春燕仍觉得在比赛的过程中成长了不少，英语也变得流利了，也更加自信了。老师在课上提问时，春燕总是挺起胸膛坐着，翘首盼望着老师能快点儿叫自己的名字。

在这个追逐成功的过程中，春燕收获了自信，也明白了努力就能做好的人生真谛。即使春燕最后没能进入决赛，没有取得成功，但是春燕成长了，春燕收获了努力与自信这两颗宝贵的"人生钻石"，春燕就是最大的赢家。这是用多少成功都无法换来的珍宝。

通过上面的事例，我们能体会到成长比成功更重要，成功是一种结

第 6 章 活着，不是为了复制别人的成功

果，而成长则是一个过程。我们不能一味地追求结果，却忘记了享受过程，过程是最重要的，成长比成功更重要。

回顾你的生命，那些让你最幸福、最快乐的时刻，是不是都来自于生命的低谷？在最艰辛的日子里，你默默地坚持；在黑暗的日子里，你的眼睛里闪着理想的光。回顾过去，那是你生命中一无所有的时刻，也是你生命中走得最快的时候，而成功就是越走越近。

很多人喜欢《当幸福来敲门》这部电影，有人喜欢男主角最终成为经纪人的那一段，有人喜欢男主角在出租车上玩魔方获得工作的那一段，而我最喜欢的却是男主角带着儿子挤在地铁站的厕所里面过夜的那段。被房东赶出来的父子俩被迫流浪到地铁站，推开一扇厕所的门，哄着孩子入睡，顶着厕所的门，翻开书，他的脸上满是坚定。他告诉他的儿子：如果你有梦想的话，就要去捍卫它。如果你想要些什么，就得去努力争取。

如果你有一个梦想，那就去捍卫它，如果你有一个目标，那就去争取它。走起来！当你走在人生之路上，没有必要去羡慕那些走在高处的人，也没有必要轻视那些走在你后面的人，因为成功不是生命的高度，成功是生命的速度，当你成长起来的时候，你已经得到了比成功更重要的东西了。

# 渴望"成功"的青蛙

池塘边有一栋废弃的三层小楼，一群青蛙常去那里玩耍。一天，一只青蛙提出比试一下胆量和技巧，看谁能从顶楼上安全地跳下来。第一只跳下来的青蛙不幸地在泥地上摔伤了脑袋，青蛙们都有点害怕了。这时一只个头比较小的青蛙站到了楼顶，它准备试一次。这只青蛙下跳的时候，正好楼前刮起了一阵旋风，青蛙被旋风裹挟着抛到了楼前的草地上，虽然仍是摔得头晕眼花，却毫发无伤。青蛙们都欢呼起来，这只小青蛙也十分得意："我是真正的成功者！我是一只从三楼跳下来也不会受伤的青蛙！"一时间小青蛙成了池塘里的英雄。

有一天，青蛙们在恭维小青蛙的胆量和无与伦比的跳楼技巧时，得意的小青蛙决定再当众表演一次。于是它又站到了楼顶，池塘里的居民们都围在楼前等着见证奇迹。小青蛙跳下来了！

"啪！"太糟糕了，这一次没有旋风、没有草地，小青蛙摔在了水泥地上，一条后腿也摔断了。

我们不否认小青蛙很有勇气，但小青蛙之所以能够取得"成功"，在很大程度上还是依靠了旋风和草地的帮助。而在生活中，我们也可以看到，人的成功其实需要有很多条件的配合，其中任何一个条件都会对成功与否产生影响，甚至是决定性的影响。

从主观上说，有的成功只是因为多一点儿耐心，多一分坚持，多一分认真，多一分努力而终成正果；有的失败只是因为少一点儿耐心，少一分认真，少一分坚持，少一分努力而半途而废。

从客观上说，有的成功只是因为多一点儿运气，多一点儿天时地利，多一点儿天生优势和外力支持运作而成；有的失败只是因为少一点儿运气，少一点儿天时地利，少一点儿天生优势和外力支持而功亏一篑。

因此，成功是让人欣喜、让人兴奋的。但成功不过是一个人的需要在某种场合和某个时期达到了一种平衡，而这种平衡是短暂的，可能瞬间即逝，并不断被打破。成功在很多时候是难以把握的，因为你的需求永无止境。就像自然科学复杂的现象后面总是存在着永恒的定律一样，错综复杂、不断变化的成功表象背后，也隐藏着一个可以掌控的存在，那就是成长。

与成功更多的依靠外界条件配合不同，成长意味着你自身的强大。它意味着你可以控制自己的情绪，管理自己的时间，掌控自己的人生；它意味着你可以更好地爱自己，更好地理解别人的爱，更好地爱别人；它意味着你有更宽广的胸怀来容纳世事，有更睿智的眼光去看清迷途，有更坚定的信念去固守责任。

成长就是要去了解人的本性及社会的本质所在，从生活的苦辣酸甜中不断地提炼人生哲理，让自己更好地立身处世，更好地驾驭自己的欲望。不可否认，欲望是社会进步的原动力，也是个体成功的原动力。可是，人的心灵负荷是有限的，当一个人的心灵被过盛的欲望占领时，他的意念就会模糊，他的目标就会迷离，他的意志就会动摇。在人生的关键时刻，如果不懂得节制自己的欲望，而是听任它蹿出来扰乱自己的心智，蒙蔽自己的心灵，拖累自己的心力，沦陷自己的追求，等待我们的只能是欲望的陷阱。

成长就是正确面对成功和失败。人的一生中总会遇到高峰与低谷，也正是因为如此，人生才会这么丰富美妙。对于一个人，尤其是刚走上社会的年轻人来说，人生的低潮是无法避免的成长代价。考场失利、求职失败、人际关系不顺、被领导或亲朋批评责备、失去恋人，等等。对年轻人而言，每一次都是重创。普通人，特别是普通的年轻人，当然很难修养到心如止水、宠辱不惊的境界，但只要人生的大方向还在自己的控制之下，就还有重整旗鼓的希望。面对挫折和失败，只要心中的灯塔不灭，实现自我价值的追求不改，就能最终抵达幸福的彼岸。

总之，成功可能是难得的辉煌和荣耀，但是它也常常是短暂的。而成长则是逐步强化的不可复制的独特的生命意识，是人性的逐步回归，是宽容之心的与日俱增，是个人才能的日臻圆满。一个人可以没有成功，但不能没有成长。成功不等于成长，成长远大于成功。

# 第五节　活在当下，你就是
# 一个成功者

佛家常劝世人要"活在当下"。到底什么叫作"当下"？简单地说，"当下"指的就是你现在正在做的事、待的地方、周围一起工作和生活的人；"活在当下"就是要你把关注的焦点集中在这些人、事、物上面，全心全意去接纳、品味、投入和体验这一切。

你可能会说："这有什么难的？我不是一直都活着并与它们为伍吗？"话是不错，问题是，你是不是一直活得很匆忙，不论是吃饭、走路、睡觉、娱乐，你总是没什么耐性，急着想赶赴下一个目标？因为，你觉得还有更伟大的志向正等着你去完成，你不能把多余的时间浪费在"现在"这些事情上面。

不只是你，大多数的人都无法专注于"现在"，他们总是若有所思，心不在焉，想着明天、明年甚至下半辈子的事。有人说"我明年要赚得更多"，有人说"我以后要换更大的房子"，有人说"我打算找更好的工作"。后来，钱真的赚得更多，房子也换得更大，职位也连升好几级，可是他们并没有变得更快乐，而且还是觉得不满足："唉！我应该再多赚一点！职位更高一点，想办法过得更舒适！"这就是没有"活在当下"，就算得到再多，也不会觉得快乐，不仅现在不够，以后永远也不会赚够。他们忘记了真正的满足不是在以后，而是在此时此刻，那些想追求的美好事物，不必费心等到以后，现在便已拥有。

# 改正错误从当下开始

深山老林的古刹里，一个饥渴难耐的流浪汉，趁庙堂里空无一人时，再次将肮脏的双手伸向佛案上的供果。就在他的双手刚刚触及供果时，高大的佛像突然说了一句令他毛骨悚然的话："住手！"

这个流浪汉当即被吓出一身冷汗，回头就跑。可是，他毕竟太渴太饿了，为了活命，他在外面转悠了一阵之后，又迟疑地回到古刹里。不过，这一次他没有马上动手，而是先磕了个头，半真半假地祷告一番之后才去拿那些馋人的供果。谁知，就在他再次伸手时，高大的佛像又说话了："住手！"

流浪汉一愣，但他这次并没跑，而是继续祷告说："请佛祖开恩，请菩萨原谅，我就偷这一次了，以后再不偷盗了。"

"既然知道自己的行为是偷盗，那就住手吧，"高大的佛像说，"当下最重要，以后复以后，以后何其多？"

流浪汉快饿晕了，以为佛祖没听清他的意思，就又祷告说："我真的就偷这一次了，以后再不来偷供果了，即便饿死也不来偷了！"

听到这里，流浪汉潸然泪下，可怜地说："我到山下乞讨为生，我这样的人还能有什么打算？报答佛恩，也只有等到来生了。"

"那就听我给你讲个故事吧，"高大的佛像语气沉稳地说。"40年前，也是这座古刹里，有一个流浪汉像你一样的饥渴难忍，衣食无着，前景渺茫，就在他自甘堕落，打算以偷吃供果为生时，是佛祖及时地挽救并开悟了他，让他当下就回心转意，剃度为僧，在参禅修行的同时，还学到不少的文化知识，后来居然成了一代知名的禅师。所以，他深信：走投无路，路在脚下；立地成佛，当即超脱。"

就在流浪汉听得一愣一愣之际，高大的佛像后边走出一位慈祥的老僧，他关切地注视着流浪汉，一字一顿地说："当年的那个流浪汉就是而今的老衲。"

流浪汉虽然当即悔悟，却还惦记着再偷最后一次。经过老僧的亲自劝解，才明白当下才是最重要的，要改正自己的过错，必须从当下——也就是从现在做起。

# 很多事无法提前

有个小和尚，每天早上负责清扫寺院里的落叶。清晨起床扫落叶实在是一件苦差事，尤其在秋冬之际，每一次起风时，树叶总是随风飞舞。每天早上都需要花费许多时间才能清扫完树叶，这让小和尚头痛不已，他一直想要找个好办法让自己轻松些。

后来有个和尚跟他说："你在明天打扫之前先用力摇晃树，把落叶统统摇下来，后天就可以不用扫落叶了。"小和尚觉得这是个好办法，于是隔天他起了个大早，使劲地猛摇树，这样他就可以把今天跟明天的落叶一次扫干净了。一整天小和尚都非常开心。

第二天，小和尚到院子里一看，不禁傻眼了，院子里如往日一样满地落叶。老和尚走了过来，对小和尚说："傻孩子，无论你今天怎么用力，明天的落叶还是会飘下来。”

小和尚终于明白了，世上有很多事是无法提前的，唯有认真地活在当下，才是最真实的人生态度。库里希坡斯曾说：“过去与未来并不是‘存在’的东西，而是‘存在过’和‘可能存在’的东西。唯一‘存在’的是当下。”

# 把重点放在眼前

一天早餐后，有人请佛陀指点。佛陀邀他进入内室，耐心聆听此人滔滔不绝地谈论自己存疑的各种问题达数分钟之久，最后，佛陀举手，此人立即住口，想知道佛陀要指点他什么。

“你吃了早餐吗？”佛陀问道。

这人点点头。

“你洗了早餐的碗吗？”佛陀再问。

这人又点点头，接着张口欲言。

佛陀在这人说话之前说道：“你有没有把碗晾干？”

“有的，有的，”此人不耐烦地回答，“现在你可以为我解惑了吗？”

“你已经有了答案。”佛陀回答，接着把他请出了门。

几天之后，这人终于明白了佛陀点拨的道理。佛陀是提醒他要把重点放在眼前——必须全神贯注于当下，因为这才是真正的要点。

活在当下，是一种全身心地投入人生的生活方式。当你活在当下，就没有过去拖在你后面，也没有未来拉着你往前，你全部的能量都集中在这一时刻，生命因此具有一种强烈的张力。

这就是使生活丰富的最好方式，除此之外的人们都是"贫穷"的。他们也许拥有世界上所有的钱，但他们是"穷人"。世界上有两种穷人——富有的穷人和没有钱的穷人。充实的感觉和对物质财富拥有的多少关系不大，它往往和你生活的方式、生活的品质、生命的喜乐、生命的特性有关，而所有这些东西只有通过静心才可能感受到。

"当下"给你一个深深地潜入生命的海洋中，或是高高地飞上生命的天空的机会。但是在两边都有危险——"过去"和"未来"是人类语言里最危险的两个词。生活在当下，就好像走在一条绳索上，在它的两边都存在危险，但是一旦你尝到了"当下"这片刻的甜蜜，你就不会去顾虑那些危险；一旦你跟生命保持在同一步调，其他的就无关紧要了。对你而言，生命就是一切。

当生命走向尽头的时候，你问自己一个问题：你对这一生了无遗憾吗？你认为想做的事你都做了吗？你有没有好好笑过、真正快乐过？想想看，你这一生是怎么过的：年轻的时候，你拼了命想挤进一流的大学；随后，你巴不得赶快毕业找一份好工作；接着，你迫不及待地结婚、生小孩，然后你又整天盼望小孩快点长大，好减轻你的负担；后来，小孩长大了，你又恨不得赶快退休；最后，你真的退休了，不过你也老得几乎连路都走不动了……当你正想停下来好好喘口气的时候，生命也快要结束了。

其实，这不就是大多数人的写照吗？他们劳碌了一生，时时刻刻为生命担忧，为未来做准备，一心一意计划着以后发生的事，却忘了把眼光放在"现在"，等到时间一分一秒地溜过，才恍然大悟"时不待我"。如果你时时刻刻都将力气耗费在未知的未来，却对眼前的一切视若无睹，你永远也不会得到快乐。一位作家这样说过："当你存心去找快乐的时候，往往找不到，唯有让自己活在'现在'，全神贯注于周围的事物，快乐便会不请自来。"

　　许多人喜欢预支明天的烦恼，想要早一步解决掉明天的烦恼。明天如果有烦恼，你今天是无法解决的，每一天都有每一天的人生功课要交，努力做好当下的功课再说吧！如果没有好好把握住幸福，就像在流星飞过时没有及时许下心愿，那么它真的就会像流星一样，成为稍纵即逝的光芒。珍惜你现在拥有的一切，生命已经有够多的遗憾了。以前的，我们无法弥补；以后的，我们也无法把握，我们现在能做的，只有尽量减少我们将来或许会发生的遗憾而已。请记住，珍惜身边的一切，享受好当下的幸福，这才是生命赋予你的真正意义。

　　或许人生的意义，不过是嗅嗅身旁每一朵绮丽的花，享受一路走来的点点滴滴而已。毕竟，昨日已成历史，明日尚不可知，只有"当下"才是上天赐予我们最好的礼物。当你在路上感到疲惫，那就歇息；当你苦恼时，那就哭泣；当你快乐，那就小小的忘乎所以。只要你继续前行，活在当下就是一种成功。

# 第 7 章

## 优化活法，让生命充满乐趣

所谓命运，在我们的生命期间仿佛真的存在。但是，它不是人类力量无法抗拒的"宿命"，而是因我们的内心而改变。人生是由自己创造的，能够改变命运的只有我们的内心。

活法的画笔在人生的花园里描绘出每个人的人生彩图。因此，人生色彩如何，取决于你的活法。

活法的优化

# 第一节　改变活法就改变了命运

所谓命运，在我们的生命期间仿佛真的存在。但是，它不是人类力量无法抗拒的"宿命"，而是因我们的内心而改变。人生是由自己创造的，能够改变命运的只有我们的内心。

活法的画笔在人生的花园里描绘出自己的人生彩图。因此，人生色彩如何，取决于你的活法。

## 改变活法，扭转命运

稻盛和夫在得过肺结核之后，感觉自己和失败、挫折结下了不解之缘。大学入学考试时第一志愿也不合格，于是进入本地大学求学，成绩相当好。但是毕业时，恰逢因朝鲜战争的军需而出现的繁荣景象逐渐消失，经济开始不景气，多次就业考试接连失利。有时，这些地方新办大学的毕业生甚至连考试机会都没有。他不禁诅咒世道不公和自己命运不济。

他总是感慨自己怎么是这样一个不走运的人呢？买彩票，前后的号码都中奖，只有他的没有中。

于是心慢慢朝错误的方向倾斜，稻盛和夫对自己的空手道颇有信心，于是就想破罐子破摔，一度曾在闹市区的某个暴力团体事务所门前徘徊良久。

在大学教授的关照下，稻盛和夫总算进入京都的电瓷制造工厂，其实这是一家任何时候倒闭都不足为奇的破烂不堪的公司，到期发不出工资是理所当然的事，甚至经营家族内部还在发生内讧。

好不容易进去的公司居然是这种状态！同期进入公司的几位同事每每相遇，都在抱怨，发泄不满，商量着什么时候辞职。不久，同事们一个个相继辞职，另谋他就，最后只剩下稻盛和夫一个人留在公司孤军奋战。

不料，改变了以前进退两难、犹豫不决的心态后，他似乎豁然了，心情也愉快了。他明白感叹怀才不遇，怨天尤人亦是枉然，于是心情有了180度大转变，决心使出干劲搞好工作，努力参与研究。

从那以后，稻盛和夫把锅碗瓢盆搬进了实验室，要求自己每天坚持研究。心境变化似乎有了回报，研究成果日见成效。好结果有目共睹，随之上司好评如潮，而稻盛和夫更加忘我工作，然后收获更好的结果，由此进入了良性循环。终于，稻盛和夫通过独特的方法，首次在日本成功合成并开发了应用于电视机晶体管里电子枪上的精密陶瓷材料。

因此，周围人给予他的评价就更高了。他甚至已经不关心工资的延期支付，感觉工作极其有趣，而且体会到了人生的意义。随后，基于此时掌握的技术和累积的成绩，稻盛和夫创办了京瓷公司。

从改变活法的瞬间，稻盛和夫的人生开始转运。以前的恶性循环终止，良性循环随之开始。从这段经历中，他体会到人的命运不是像铺设的铁轨一样被事先定下来，而是根据自己的意志改变。

其实，人们身上发生的一切都是自己的活法造成的。人生有盛衰荣辱，就算认为自己的命运是用自己的双手开拓的人，其人生低谷与高峰、幸福与不幸，也是由自己的活法呼唤而至的。发生在自己身上的一切，都是由自己播下的种子。

生活中，我们总能见到两种人：一种人总从坏的一面看问题，总是怀着悲观心态；另一种人相反，他们总能发现事情积极的一面，怀着乐观进取的心态活着。悲观是一种心灵恶疾，它会抑制你的快乐，让你被忧虑侵蚀，因此我们一定要战胜这种不良心态，积极快乐地活着。

# 消极生活只会让情况更糟

一场大水冲垮了一个女人家的泥屋，家具和衣物也都被卷走了。洪水退去后，她坐在一堆木料上哭了起来：为什么我这么不幸？以后该住在哪儿呢？镇里的表姐带了东西来看她，她又忍不住跟表姐哭诉了一番，没想到表姐非但没有安慰她，还斥责起她来："有什么好伤心的？泥房子本来就不结实，你先租个房子住段时间，再盖砖瓦的不就好了！"

故事中的女人就是生活中的悲观者的代表，他们遇事总是拼命往坏的一面想，自找烦恼，死钻牛角尖，不问自己得到了什么，只看自己失去了多少，结果情况越来越糟糕，心情越来越低落。其实，任何事情都有坏的一面和好的一面，如果能从积极的方面看问题，那么就会有一个截然不同的结果，做起事来也就会更加得心应手。

角度不同，对问题的看法各有所异，有人积极，有人消极。消极思维者只看坏的一面，对事物总能找到消极的解释，最终他们也将得到消极的结果。而积极思维者却更愿意从好的方面考虑问题，并通过自己的努力，得到一个积极的结果。所有这一切正如叔本华所言："事物的本身并不影响人，人们是受到对事物看法的影响！"而这些看法，也会让人形成积极与消极活法的差距，从而造成不同的命运。

佛教讲"无常"，大意是说：凡事可以变好，凡事也可以变坏。悲观的人永远都是想到自己只剩下百万元而担忧，乐观的人却永远为自己还剩下一万元而庆幸。面对"金黄的晚霞映红半边天"的情景，有人叹息："夕阳无限好，只是近黄昏。"但有人想到的却是："莫道桑榆晚，晚霞尚满天。"面对半杯饮料，有人遗憾地说："可惜只有半杯了。"有人庆幸地说："尚好，还有半杯可饮。"不同的人对同一件事有不同的心情，不同的心情必然导致不同的结果。

我们每个人都有自己的生活，都有选择精彩人生的机会，关键在于你的态度。态度决定人生，这是一个真正属于你的权利，没有人能够控制或夺去的东西就是你的态度。

# 苏东坡的积极生活

神宗时，苏东坡受人诬陷，被贬谪到海南岛。当时海南还很贫穷落后，而且中原人不能适应热带气候，病死的非常多。岛上的恶劣环境与当年汴京的繁华对比，简直是两个世界。但苏东坡却认为，宇宙之间，在孤岛上生活的，也不只是他一人，大地也是海洋中的孤岛。就像一盆水中的小蚂蚁，当它爬上一片树叶，这也是它的孤岛。所以，苏东坡觉得，只要能随遇而安，就会快乐。他在岛上，每当吃到当地的海产，看着岛上秀丽的风光时，他就庆幸自己能到海南岛。他甚至想，如果朝中有大臣早他而来，他怎么能独自享受如此的美食呢？

那些贬谪苏东坡的人，原以为这下他可完了，没想到不久，就有一首诗从海南流传到中原：

稍喜海南州，自古无战场。

奇峰望黎母，何异嵩与邙。

飞泉泻万仞，舞鹤双低昂。

分流未入海，膏泽弥此方。

芋魁偏可饱，无肉亦溪伤。

所以，凡事往好处想，就会觉得人生快乐无比。人生没有绝对的苦乐，只要凡事肯向好处想，自然能够转苦为乐。海伦·凯勒说："面对阳光，你就会看不到阴影。"积极地活下去，心里就洒满阳光！

消极生活的人多抱怨，积极生活的人多希望。消极的人等待着生活的安排，积极的人主动安排、改变生活。而积极的心态是快乐的起点，它能激发你的潜能，愉快地接受意想不到的任务，悦纳意想不到的变化，宽容意想不到的冒犯，做好想做又不敢做的事，获得他人所企望的发展机遇，你自然也就会超越他人。如果让消极的思想压着你，你就会像一个要长途跋涉的人背着沉重而无用的大包袱一样，使你看不到希望，也失掉许多唾手可得的机遇。所以我们要改变自己的活法，积极地生活，从而改写我们的命运。

# 第二节　没有胆量的人，才真正"无趣"

独步人生，我们会遇到种种困难，甚至举步维艰、悲观失望。征途茫茫，有时看不到一丝星光；长路漫漫，有时走得并不潇洒浪漫。这个时候，只有拥有一颗勇敢无畏的心，才能面对生活，克服困难。

许多初涉职场的大学生内心有无限憧憬，也有雄心壮志，感觉经济上可以独立了，终于可以摆脱对父母的依赖了，有话语权了，可以发挥自己的价值了，想象着未来一片美好。

工作不久，才发现现实跟自己想象的很不一样。正如大家常说的那样，"理想很丰满，现实却很骨感"，甚至是现实很残酷。结果，年轻人的自信心备受打击，总是觉得生活得很不舒服，不能全心全意地投入工作。在生活中封闭自己，不愿意与外界多交流，总是幻想着自己哪天做了老板该多好。

这种想法是在逃避生活中的不如意，是一种懦弱的行为。任何一个人，都要经历走上社会、逐步成熟的过程。现实中各个方面、各个行业都存在着竞争。要学会勇敢，学会在勇敢中找到自我，这是我们立足于生活必须完成的一道人生功课。勇敢的人会提醒自己：年轻的时光就是用来积累知识和阅历的，既然在这个岗位上，都要珍惜这个学习机会，无论从哪个角度，都会学到在学校学不到的职场技能。

每个人在一生中都会遇到许多麻烦。在面对困难和挫折的时候，胆小懦弱的人往往不能用坚强的意志去克服困难和挫折，勇敢坚强的人则能够做到持之以恒，凭借自己坚强的意志战胜困难和挫折，从而取得成功。

勇敢是人类的美德，每个人都想获得而又并非都能够获得。懦弱是勇敢的镜子，它使勇敢显得更伟大。在勇敢者面前，一切困难都会迎刃而解；在懦弱者面前，哪怕只是一个小小的困难，也会筑起一座坚不可摧的堡垒。

懦弱者的生命也许会很长，可他的一生却寂寞无声；勇敢者的生命也许会很短，但他像春天里的一声雷，必将震撼整个大地。

懦弱的人们只会想要去生活，但是从来就没有真正地生活过。他们想要去爱，去获取一份温情，但却没有真正地去爱过。因为懦弱的心理都存在一种基本的恐惧，也就是未知的恐惧。懦弱的人总是要将自己保护在已知的安全地带，那是他们最熟悉的世界。

对于人们来说，勇敢的灵魂才可能拥有多姿多彩、充满激情的快乐和幸福。因为，勇敢的人们懂得去面对现实、征服现实。

勇敢，是一种美德，是一种心灵的挑战，更是一种特别的气质。勇气永远像一座山，一座非常美丽的山。

不过，人一旦开始跨到自己已知的屏障之外，那也是非常危险的。但如果敢于去冒别人不敢冒的险，生活就会愈加充实。因为，灵魂唯有在巨大的冒险中，才会诞生多彩的、丰富的人生。不然，人可能就会只是在维持一个空壳，在空虚中生存着。

# 三兄弟的命运

从前，有三兄弟，他们很想知道自己未来的命运，于是一起去求教智者。听了他们的来意后，智者问："据说在遥远的天竺国的大国寺里，有一颗价值连城的夜明珠，假如让你们去取，你们会怎么做呢？"大哥说："我生性淡泊，在我眼里，夜明珠不过是一颗普通的珠子，我不会前往。"二弟拍着胸脯说："不管有多大的艰难险阻，我一定会把夜明珠取回来。"三弟则愁眉苦脸地说："去天竺路途遥远，险象环生，恐怕还没取到夜明珠，就没命了。"听完他们的回答，智者微笑着说："你们的命运已经很清楚了。大哥生性淡泊，不求名利，将来自然难以荣华富贵，但在淡泊之中也会得到许多人的帮助与照顾；二弟性格坚定果断，意志刚强，不怕困难，可能会前途无量，也许会成大器；三弟性格优柔懦弱，缺乏胆量，命中注定难成大事。"

勇敢与懦弱都存在于这个世界上，每个人都有不同的人生观，也就注定有不同的收获和结局。如果不能逃避生活的考验，就请做一个勇于面对生活和苦难的人吧！这样，你的人生才是值得回味的，否则，只能度过无趣的人生。

## 勇敢扼住命运的喉咙

大作曲家贝多芬一生非常凄凉。他小时候由于家庭贫困没能上学，17岁时患了伤寒和天花之后，肺病、关节炎、黄热病、结膜炎等病痛又接踵而至。26岁那年，他还不幸失去了听觉，并且在爱情上也屡遭挫折。

在这种境遇下，贝多芬发誓"要扼住生命的咽喉"，勇敢地与生命顽强拼搏，坦然面对现实生活中所有的坎坷，一步一步向前走。贝多芬的努力并没有白费，最后终于由一个贫穷人家的孩子成为著名作曲家，赢得了全世界人们的赞赏！

生活是残酷的。勇敢锤炼我们直面人生的胆气，勇敢驱使着我们下定向困难迈出第一步的决心。它点燃我们的激情，是激励我们奋进的力量。无趣的人，往往不是无能的人，而是无胆的人。很多人总把"没兴趣"挂在嘴边，然而他们究竟是真的没兴趣，还是没有胆量追求有趣的生命呢？

# 投入的胆量

"你为什么那么喜欢上网呢？"

"在这个大学里，除了上网还有什么可以做的？"

"听说你很喜欢读书，为什么不去读读书呢？"

"因为……因为图书馆太远了，不方便。"

"我听说网吧好像要比图书馆远一点儿哦。"

"哦，是……实际上我也不是那么喜欢读书的。"

"那你还有什么兴趣呢？"

"我比较喜欢打网球。"

"原来是这样，我们听说学校的网球队的培训不错的呢，很多外校学生都来这儿学。你为什么不去试试看？"

"网球队我知道，不过每天晚上都练习太晚了，影响学习。"

"我听说你晚上经常上网到凌晨 3 点，好像比网球练习晚一点儿吧。"

"是的，其实我也不太喜欢打网球。"

"那你喜欢什么？"

"在这个大学里，除了上网，还有什么可以做的呢？"

这是心理医生和一个有网瘾的大学生的对话。当一个人觉得面对新事物无力投入，或者害怕投入了也做不好，他们就会表现出对新事物的漠不关心。

忙碌的丈夫对家务表现出"不感兴趣"，往往是由于没有留出投入的时间，或者再怎么做也会被妻子数落；父母亲对如何用电脑"不感兴趣"，也许是因为他们觉得自己用不好电脑，或者子女让他们觉得自己太笨了；老人们对任何事情都"不感兴趣"，是因为他们觉得自己能力不足，或者怎么做都没有年轻人做得好；孩子对学习"不感兴趣"，往往是由于自己觉得没有学好的能力，或者再怎么努力也达不到父母的要求；毕业生对工作"不感兴趣"，其实是觉得自己没有能赚钱的本事，或者是害怕再怎么努力也达不到自己心里满意的目标；朋友说对爱情"不感兴趣"，其实是觉得自己不够好，或者害怕自己投入感情会失败。

但是没有人愿意承认自己很害怕，所以他们骗自己说，我根本不感兴趣。他们并不是缺乏能力，也不欠缺机会，他们缺乏的只是胆量，对不知道结果的事情投入的胆量。

每天叩问自己，你究竟是没有兴趣，还是不敢有兴趣？生命就好像镜子一样，有趣之人对生活保持着极高的投入度，全力拥抱，生活也全力拥抱他。无趣之人用"没兴趣"把自己和生命隔绝开来，缺乏"感兴趣"的胆量，所以生命也不会眷顾于他。

# 第三节　兴趣决定了生命的质量

　　厌学是学生中最常见也最顽固的一种现象，而厌学最直观的表现就是：对学习失去兴趣。无数事实证明：兴趣是最好的老师。这是在各行各业，对各色人等都正确的至理名言。如何产生兴趣？如何保持兴趣？如何发展兴趣？要解决这些问题，弄懂什么是兴趣才是关键。

　　北大研究鲁迅的专家钱理群教授在其著作《我的精神自传》中关于兴趣有自己的理解。钱教授认为："怎样使自己始终如一处在探讨、发现的状态，并由此获得永恒的快乐"是他的人生道路、研究生涯中必须面对的问题。这实际上就是一个"兴趣"问题。在探寻中，钱教授认为"永远处于婴儿状态"是真谛，即要以像婴儿那样第一次看世界的好奇心，用初次的眼光和心态去观察，去倾听，去阅读，去思考，这样才能不断地产生新发现，并以"黎明的感觉"来保持婴儿状态。每天早上睁开眼睛，便获得了一次新生，你的生命开始新的一天，就有了"黎明的感觉"：一切对你来说都是新鲜的，你用新奇的眼光与心态去重新发现。

　　正如钱教授所言：学习最重要的是要有兴趣，要把每一门功课都当作精神的享受；学习就是探险的过程，每一次上课都会发现新大陆，要带着好奇心，怀着一种期待感甚至是神秘感走进课堂。刻苦的结语常常是两个字：及格。兴趣的结语常常也是两个字：出色。兴趣实际上是一种心态，它可以改变态度，可以产生力量，带来不同的结果，影响一个人的生命质量，所以兴趣是一个人的生命质量。

# 用兴趣改写人生

"电锯"从十几岁开始喜欢无线电制作，做了个能出声的收音机之后就一发不可收拾。

其实那时的中学生什么都喜欢，比如摄影、天文、气象、生物什么的。有一次，"电锯"在旧书摊上买到了一本英文的关于无线电的厚厚的书，那时"电锯"的英文并没有现在这么好，现在他已经可以用英语点菜谱了。当时他仅仅从书里面的电路图看得出，那是一本关于无线电的书，于是就掏出5角钱，毫不犹豫地买了回来。回到家里马上翻字典，知道了这本书的名字叫《业余无线电手册》（ARRLHAND BOOK），是1979年出版的。"电锯"心想：要是能有中文的就好了。后来又一想，别的小朋友肯定和我一样，想看但是看不懂，要是哪位叔叔阿姨给我们翻译过来该多好呀！再后来发现并没有叔叔阿姨给翻译，于是小小的"电锯"就立志要把这本厚厚的书翻译过来，每天翻译一页，1000多天就完成啦！

那个时候也没有什么快译通，当然更没有金山词霸了，所以小小的"电锯"翻字典翻得很辛苦。但是光有革命的理想是不行的，以中学生的水平，要翻译外文书还是蛮辛苦的，于是"电锯"立志成材，先考上了重点中学，然后考上了重点大学，学上了喜欢的无线电专业，终于毕了业，如愿以偿地走上了无线电的工作岗位，把业余爱好变成了专业工作。专业工作，就是业余爱好，业余爱好呢，又是专业工作。"电锯"感到无比的幸福。

光阴荏苒，日复一日，"电锯"的无线电专业工作干了十几年。一天，领导把"电锯"叫到办公室，说："我们出版社准备出国考察，你也去，找点儿思路回来。"于是"电锯"高高兴兴地接下了任务就去了。突然，电光火石之间，"电锯"想到了那本20多年前在旧书摊上用5角钱买到的美国无线电手册，对，去美国就找它了！于是"电锯"从箱子底下找到了这本发黄的旧书，坐飞机到了美国，然后又驱车300多公里，照着书上的地址找到美国业余无线电协会（ARRL），人家协会主席、CEO、技术主管、媒体总监等人听说中国同行来了，都出来热情接待了"电锯"。"电锯"向美国方面介绍了中国的无线电爱好者活动的情况，同时表达了想翻译出版《ARRLHANDBOOK》的中文版的想法。他们听了以后说，这本书每年修订再版一次，到现在已经是第80多版了，最多的一年出版了100多万册，累计出版发行了好几千万册，大概是世界上累计发行量最大的无线电方面的书了，但在此之前从来没有授权过哪一家出版社翻译出非英文版。"电锯"立刻掏出幼时歪七扭八翻译的那几页纸。美国人看完之后愣了，估计是没看懂。于是"电锯"告诉他们，那是小时候试着翻译的ARRL手册，而且告诉他们在中国有千千万万像他这样的爱好者。美国人你瞧瞧我，我瞧瞧你，最后全体都不住地点头，说OK。于是人民邮电出版社就引进了全系列的美国业余无线电协会的出版物，包括《业余无线电入门》《业余无线电手册》《天线手册》《射频电路设计实战宝典》等。现在这本旧旧的1979年的英文书就摆桌子上，"电锯"仿佛看到了几十年前那双纯洁的大眼睛，在完全看不懂的字里行间汲取知识的情景。"电锯"又在憧憬着不久的将来，这本书成为重新点燃人们兴趣的火苗，让个人爱好伴随着电波传遍世界。

"电锯"从兴趣出发，找到了自己喜欢做并有益于他人的事情，从而提高了自己生命的高度和质量。

# 兴趣是最好的老师

1937 年，勤奋的陈景润考上了福州英华书院，此时正值抗日战争时期，清华大学航空工程系主任，留英博士沈元教授回福建奔丧，不想因战事被滞留家乡。几所大学得知消息，都想邀请沈教授前去讲学，他谢绝了邀请。由于他是英华的校友，为了报答母校，他来到了这所中学为同学们讲授数学课。

一天，沈元老师在数学课上给大家讲了一个故事：200 年前有个法国人发现了一个有趣的现象：6=3+3，8=5+3，10=5+5，12=5+7，28=5+23，100=11+89。每个大于 4 的偶数都可以表示为两个奇数之和。因为这个结论没有得到证明，所以还是一个猜想。大数学欧拉说过："虽然我不能证明它，但是我确信这个结论是正确的。它像一个美丽的光环，在我们不远的前方闪耀着炫目的光辉。"陈景润瞪着眼睛，听得入神。因此，陈景润对这个奇妙问题产生了浓厚的兴趣。课余时间他最爱到图书馆，不仅读了中学辅导书，那些大学的数理化课程教材他也如饥似渴地阅读。因此获得了"书呆子"的雅号。

兴趣是生命的第一老师。正是这样的数学故事，引发了陈景润的兴趣，引发了他的勤奋，从而促成了一位伟大的数学家的诞生。

梭罗说："人无疑是有力量来提高自己的生命质量的。"所以重要的是兴趣的决定权在每个人自己的手中，生命质量可以自己决定。要读书就拼命地读，要玩就拼命地玩。任何事情都全身心地投入，就能让自己的生命达到一种酣畅淋漓的状态，保持生命的激情，享受兴趣的快乐。

# 第四节 生命只对"有趣" 的人感兴趣

你有没有发现，在职场和生活中有这么一些人，我们把他们称为"没兴趣"一族。"没兴趣"一族好像从来就没有什么特别的爱好，也没有什么特长，他们什么都一般般。工作上，"没兴趣"一族也没有太多激情，工作了四五年，做的事情和以前差不多，你问他为什么，他会告诉你：工作不就这样吗？还能怎么样？

而另一些人，我们姑且把他们称为"感兴趣"一族，好像对什么都很感兴趣，他们好像每天都像刚刚出生一样，兴致勃勃，充满好奇；在生活里他们也是样样精通：摄影、写作、跳舞、音乐、运动……这些人是上天的宠儿，又好像刚从韩剧里面走出来的男女主角一样，优秀得让人绝望。我们常常听人对"感兴趣"一族说："你太棒了！你怎么什么都会？"

上天为什么这么不公平，让一些人拥有用不完的精力和好奇心，什么都优秀。而自己却对什么都不感兴趣，什么都做不好？也许下面这个故事会带你找到答案。

## 你会怎么走？

周日的郊外旅游，你走到一个没有路牌的三岔路口，只有一条能够到达你想去的峡谷，另外两条则通往不知名的地方。现在是中午，时间还算充裕，你的食物和水也足够，你会怎么走？

小王和小张在不同的时间到达这个路口，他们都碰到这个问题。

小王选择的是往前走试试看，他想即使走错路，也比待着强啊，他快步向前走去。

一个小时以后，他不得不退回来，重新回到起点。但是小王很开心，他兴致勃勃地告诉朋友们他在路上看到的美丽风景，也许下次他们可以往那边走。说完这一切，小王又开始尝试第二条路，他一路唱着歌，蹦蹦跳跳走去。

小张认为有2/3的机会走了也不会有收获的，如果没有确定的机会，还不如就在这里待着吧，也许会有认路的人经过，告诉我确切的答案呢？小张就这样等到时间很晚了，然后他觉得自己不能不走了，可是万一走了也是错路该怎么办？他慢慢吞吞地往前走，心里面一直想着迷路的种种状况。终于，在三小时后，他看到一条路的尽头被一条河流拦住。

"天，我早就应该想到的！没有搞清楚路就不要来！"小张很沮丧，一屁股坐在河边，他连回去的勇气都没有了。

小王和小张在一个月后的一次聚会上碰到，小王在给他们的朋友讲他的一段"最奇妙的旅行经历"，小张听出来，那就是他去过的那条河。

"你瞎说，那是一条错路，而且一点也不好玩，除了一条大河挡住路，什么也没有，没意思。"小张说。

"不会吧？"小王说，"你没有看到河中间那些白鹭，那些莲花吗？那是我犯过的最美丽的错误。"

小张耸耸肩："你这么一说……好像有吧，不过我对这个没有什么兴趣。"

这个故事里面的人，哪一个更像你？

我们身边有"没兴趣"一族小张，又有"感兴趣"一族小王。小王总是兴致勃勃地投入一个又一个冒险，他们经历丰富，收获很多，当然失败也更多。小张则总是对什么都提不起兴趣，只有到不得不行动的时候，他们才被迫抱怨着进入，他们失败很少，也尝试得很少，因为他们觉得没有什么意思。

很多在职业规划上有困惑的人，他们有些问题是："不知道自己有什么兴趣"又或者是"好像对什么都有兴趣"。但假如你问问他们，听说你那么喜欢市场，为什么不试试看呢？他们就会回答，"如果万一失败了该怎么办？"

你明白他们的问题在哪里了吧。这些人都是不敢投入的"无兴趣"一族，他们好像从来没有想过进入当下，他们从来没有感到过乐趣。他们总在思考"读这本书，有什么用处？""万一做不好怎么办？"这让他们无法从任何东西中获得乐趣，自然也就无法对什么感兴趣。担忧之墙永远把你和乐趣隔离开来了。你就好像一个糟糕的读者，每看一页小说都要翻到最后去看看结局，那么你就完全失去了阅读的快乐。

## 兴趣让生命多一种快乐的方式

一次吃饭的时候，琳琳从一个朋友那里学到了一个橡皮筋近景魔术。琳琳觉得相当有趣，于是开始当场学习。一开始的时候，琳琳是最笨手笨脚的一个，不是穿帮就是把橡皮筋弹飞到隔壁人的碗里。大家一看她表演，就说："你表演的不是魔术，而是魔术揭秘吧。"还有人说："你以为你是刘谦啊！"

但是琳琳还是觉得有趣。在回家的路上，她一边开车，一边用手比画这个魔术，还在网上下载了所有的刘谦的视频，认真观看如何换手指头，如何误导观众，如何做动作。一有上课的机会，她就主动给身边的人展示。当然，有的人说是魔术表演，有的人还是说魔术揭秘表演。一个星期以后，琳琳成功地表演了这个魔术，即使面对当天和她一起学习魔术的人，大家明明知道她在换手，却就是看不出来了！

琳琳可以在课堂中变魔术让大家开心，也可以用来逗朋友一笑。更加重要的是，琳琳开始多了一种让自己快乐生活的方式，她觉得自己在魔术方面也很有天赋，而这让她变得更有自信了。

所以乐趣来源于全情投入，而不是投入后的结果，正是因为这样，所以乐趣可以是无条件的。一个婴儿在玩的时候咯咯地笑，并不是因为这个游戏会让他获得什么；我们在演奏乐器的时候觉得开心，并不是因为我们通过这个拿到钢琴十级；我们在听笑话的时候哈哈大笑，并不是因为我们要记录下这个笑话来炫耀给别人。

因为兴趣就是投入，投入的快乐是无条件的。

# 兴趣来源于全情投入

在少儿师资班学英语的 4 个月间，给小红印象最深的是梅梅。她和我们不一样，我们大多是刚毕业没几年，想学习完马上找份工作养活自己。梅梅的老公据说是富商，现在孩子上学了，她在家无事可做，于是出来学习，算给自己找点儿事做。从她的穿用可以看出家里条件非常好，同学们把她划为另一类人，毕竟她不用拼命学习面对未来的就业压力。

小红慢慢观察到，虽然没有就业的目标，但梅梅从来不迟到旷课，笔记也做得工整详细，甚至不上课的同学都借她的笔记来抄。回到寝室，女生的夜聊一定少不了美容，有个同学介绍了一种很奇特的洗脸祛痘办法，大概说用多少盐水和清水的比例混合，脸颊、额头、鼻子各揉搓多少下，然后脸上就会光滑无比。所有人听完一笑而过，都说这太难了。但小红发现梅梅第二天比平时早起一会儿，洗脸洗了很久。一个星期后，梅梅兴奋地告诉同学们，那个洗脸的办法真好用，她脸上的痘痘下去了！同学们都说：什么洗脸方法我们都忘记了……小红突然意识到，每次上课老师传授的小技巧，梅梅总是特别当回事儿，她一直都是最忠诚的实践者。

一个月后，学校举行美文背诵大赛，大赛分为三轮。第一轮是任选一篇背诵，第二轮是从指定的 10 篇文章中抽签选出一篇背诵，第三轮是从指定的 20 篇文章中抽签选出一篇背诵。全班60 人中有 20 人参加比赛，大部分人都没有参加，一是感觉这个对就业没有太大帮助，二是觉得自己英语一般，肯定会被PK 下来。大家想：“既然拿不到奖，就没有必要参加了吧。”除了成绩最好的一个同学，没有人真正有兴趣参加。

让大家吃惊的是，梅梅居然参加了。大家一致认为，她的英语水平是必死的状态。但是她准备得很认真，请外教帮忙纠正发音，每背下来一段就向大家展示，得到同学的鼓励后背得更带劲了。让人更加吃惊的是，梅梅最终赢得了评委的认可，和另外两个班里英语最好的同学，3 人一起进入了第二轮比赛。另外两个人，一个在国外留学过，讨厌死记硬背，没有再准备 10 篇指定的文章，而另一个人是以刻苦认真出名的，他不仅背下了 10 篇，还要提前准备第三轮的 20 篇文章。梅梅和他们不一样，她还是以一半欣赏一半学习的心态，她说读得越多越觉得英语好美，背不下来没关系，但是那种感觉让她觉得很美。到了比赛那天，梅梅只背下来 4 篇半的文章。但她还是很高兴地参加比赛。当她没有抽中自己准备的文章的时候，她问老师："老师，很抱歉我没有背过这篇，但是我特别喜欢另一篇文章，我可以背给你们听吗？"老师同意了，当她饱含深情地背着喜欢的文章时，她陶醉得仿佛没有其他人存在，美极了。

梅梅全情投入地做着这一切时，小红就站在旁边，从头到尾一直看完这场比赛。假如小红不是花时间去评价和围观，是不是她也能够做到呢？

歌德说："如果工作成为一种兴趣，人生就是天堂。"一般来说，兴趣才是人生的航标灯，如果一个人一直从事着自己不感兴趣的事情，但又没办法改变现状，他就会对生活失去热情，心理压力逐渐加大。

许多研究证明，较强的能力并不是事业成功的保证。一个人的兴趣、爱好、动机、价值观等情感因素对事业成功有着巨大的推动作用。在这些因素中，又以兴趣爱好所起的作用最大。你在选择事业时，不仅需要知道自己的能力有多大，也需要知道自己对哪类工作感兴趣，哪类工作符合自己的爱好。只有将能力和兴趣爱好结合起来考虑，才更有可能取得事业上的成功。

获得诺贝尔物理奖的美籍华人丁肇中说过："兴趣比天才更重要。"一个人如果根据自己的兴趣爱好去选择事业，他的主动性和能动性就会得到充分发挥，巨大的潜力就会被充分挖掘出来。一个人所从事的事业如果正好与自己的兴趣爱好一致，那么他工作起来就会废寝忘食，如醉如痴,即使困难重重,也会兴致勃勃,不知疲倦地工作下去,绝不会灰心丧气,半途而废。

爱迪生几乎每天要在实验室里工作十几个小时,在那里吃饭、睡觉,但他丝毫不以为苦,他说:"我一生中从未间断过一天工作。""我每天的工作其乐无穷。"难怪他有那么多的发明。英国著名女科学家古道尔从小喜欢生物,并逐渐对黑猩猩产生了强烈兴趣,于是她不畏艰险,只身进入热带森林,与黑猩猩一起生活了10多年,掌握了极其宝贵的第一手资料,为揭开黑猩猩的秘密做出了贡献;爱因斯坦对物理学的浓厚兴趣使他著成了影响我们一个多世纪的《相对论》;化学家诺贝尔对炸药有着极强的兴趣,所以他才敢冒着生命危险研制炸药,终于取得了最后的成功。

美国曾对两千多位著名的科学家进行调查,发现很少有人是出于谋生的目的而工作,他们大多是出于个人对某一领域问题的强烈兴趣而孜孜以求,不计名利报酬,忘我地工作,他们的成功是与他们的兴趣爱好紧紧相关的。兴趣是成功的一个重要推动力,它能将你的潜能最大限度地调动起来,使你长期专注于某一方向,做出艰苦的努力,取得令人注目的成绩。

如果你具有从事某项事业的能力,但缺乏兴趣,那么你在这项事业上成功的概率很小很小。你只有对某一种事业感兴趣,并具有该事业所要求的能力素质,你才能完成这项事业。具体来说,兴趣对你事业的影响主要来自于三个方面。

◇一是兴趣是你事业选择的重要依据。正像你在日常生活中喜欢从事自己感兴趣的活动一样,在外界环境限制较小时,你不存在吃饭问题,不需要为了谋生而必须做某项工作,你就会倾向于选择自己感兴趣的事业。因而,对你的兴趣类型有了正确的评估后,就可以预测或帮助你进行事业选择。

◇二是兴趣可以增强你对事业的适应性。因为兴趣可以通过工作动机促进你能力的发挥，兴趣和能力的有机结合会大大提高工作效率。曾有人研究过：如果一个人从事自己感兴趣的工作，则能发挥全部才能的80%—90%，而且能长时间保持高效率而不感到疲劳；如果对所从事工作没有兴趣，只能发挥全部才能的 20%—30%。

◇三是由兴趣的性质所决定。兴趣影响一个人工作的满意度和稳定性，在某些情况下甚至具有决定性作用。一般来说，从事自己不感兴趣的事业很难让你感到满意，并由此导致工作的不稳定。

以前，社会整体都是以努力工作为唯一的风气，兴趣并不怎么受人青睐，在那个时代对"我的兴趣是工作"，人们可能会回答："是嘛，真令人钦佩。"但现在，不少人都变得追求兴趣了。

根据某一项调查，创业者消除精神压力的方法主要靠兴趣和娱乐。的确，兴趣爱好有助于消除精神压力，但是推举兴趣并不仅出于此。兴趣与读书一样可以丰富人的心灵，可以扩大人的胸襟，培养出富有魅力的人格，进而扩大并加深与其他人的交往。

在企业当中，职员与企业主拥有相同的兴趣，会有助于填平彼此的鸿沟。这样的公司充满活力，毫无疑问会得到更好的发展。

兴趣对于公司以外的人际关系也发挥着威力。如果兴趣多，那么和什么人谈话都会投机，人缘就会不断扩大。与工作不同，有关兴趣的交谈会使彼此变得单纯，还可能会成为真心交往的契机。兴趣使人变得坦诚。

你想获得成功吗？那么请你在选择人生目标时，最好让它与你的兴趣一致，与你的爱好接轨。如果你的工作与自己的兴趣爱好不一致，而又无力改变这种局面，那就想方设法爱上它，让它成为你所追求的事业。因为，生命只对"有兴趣"的人感兴趣。

# 第五节　兴趣铸就欢快篇章

兴趣盎然，主要是形容对某种事物或某个问题、事情兴趣浓厚的样子。伟大的科学家爱因斯坦说过："兴趣是最好的老师。"这就是说，一个人一旦对某事物有了浓厚的兴趣，就会主动去求知、去探索、去实践，并在求知、探索、实践中产生愉快的情绪。所以古今中外的教育家无不重视兴趣在智力开发中的作用。

人的一生充满了变数，也许你现在正在做的事情，它们或是很光鲜亮丽，或是报酬丰富，却并不是你最感兴趣的事情、最能投入 100% 精力去做的事情。能找到一个让自己很感兴趣且愿意为之付出一切的工作或职业是一个复杂而漫长的过程。

## 从夜店王子到服装设计师

沈丹是曾经的夜店王子，现在的服装设计师。这位 25 岁左右的小伙子竟然毕业于世界三大服装设计院校之一的日本文化服装学院，也就是高田贤三、山本耀司、小筱顺子等国际顶级服装设计大师毕业的院校。学院排名紧随英国中央圣马丁艺术设计学院和美国的帕森斯设计学院之后。

原来，和所有爱玩的孩子一样，年少的沈丹喜欢去酒吧蹦迪，一套鲜亮的行头至关重要。那段时间，沈丹的衣柜里几乎塞满了各式各样的服装。可有一天，他打开衣橱，竟然发现没有一件衣服是自己真正喜欢的。换成别人，这个想法也许就被一带而过了，最多是以后买衣服时风格变化一些。但沈丹却会反过来想：既然买不到合适的衣服，那自己设计衣服，不就解决了吗？当时正值升大学期间，于是沈丹开始疯狂寻找可以学习服装设计的院校。人往往就是这样，一旦找到了自己奋斗的目标，行动会像雨点般立即落地。很快，沈丹了解到日本文化服装学院是一所历史悠久且非常专业的服装学院，并且它在上海有一所已经开办两年的国际分校。就这样，沈丹顺利去了上海。

当时的家庭成员却多数反对沈丹学习这个专业。原因很简单，因为毕业了工作不好找。沈丹告诉我们，那段时间他一直想证明自己真的可以，思来想去最好的机会就是参加比赛并获奖。

终于，被沈丹等来了一次机会。那是一场多个国家选手参加的国际服装设计大赛。当时的沈丹才大学一年级，只是个有点儿基本功底、会画个草图的学生，连最基本的立体裁剪都还没有学会。"日本的教育有些和中国不一样，他们认为在你不具备完全能力的时候，去参赛是不被允许的。"既然求助老师这招行不通，那么只能另想他法。经过多方打听，沈丹得知一位来自日本的立裁高手将在上海开办讲座，于是每节课沈丹都跑很远去听课。就在那年的暑假里，沈丹花了两个月的时间学会了立体裁剪。"当我把制作的衣服小样拿到班主任面前时，我明显感觉到他看我的眼神变了"。不仅如此，班主任还专门给了沈丹一把制作室的钥匙，而制作室则陈列了当时日本技术最先进的裁剪、缝纫机器，这对当时的沈丹而言，简直是莫大的惊喜。那段时间，他几乎从早到晚一直泡在制作室，从草图、制版到打样，每个过程都悉心准备。两个月之后，4套分别代表了女人成长中会接触到的不同服装制作而成。

功夫不负有心人，4套衣服当天惊艳全场，大家怎么也不会想到，设计者是个几个月前连裁剪都没学会的年轻人。"拿到奖牌回常州的那天，我抱着奖杯从获奖现场一直哭到上海火车站。"也就是这次，沈丹改变了家人的看法，也改变了所有日本老师的看法。他成了班里最好学的学生。当然，他也被成功保送到日本文化服装学院位于东京的本部。

回头看来，4年的求学之路是异常辛苦的，包括在日本从最初受同学排挤，到最后突出重围，成为班级最优秀的学生之一。沈丹为自己的兴趣付出了太多个不眠之夜，但他说，做自己感兴趣的事情，那些不都是辛苦，有些真的会变成享受。

归国后的沈丹决心先从一家服装店开始，这家叫"御汀控"的服装小店正步入正轨。接下来，他想拥有工作室，最好在南大街能有一家旗舰店，来经营自己的梦想。

**沈丹正是因为对设计衣服这件事兴趣盎然，才有了后来全情投入地去努力拼搏，最终取得了成绩。而且由于兴趣，这一路打拼下来，他不以为苦，反而当成一种享受。**

## 兴趣是成功的先决条件

被人们称为"发明大王"的爱迪生，是美国著名的科学家和发明家。他的一生，仅是在专利局登记过的发明就有1328种。一个只读过三个月书的人，怎么会有这么多发明创造呢？我想，如果你听说过"爱迪生孵小鸡"的故事，就一定会明白，他的成功源于强烈的兴趣。

很小的时候，爱迪生就显露出了极强的好奇心，只要看到不明白的事情，他就抓住大人的衣角问个不停，对任何事情都有强烈的兴趣。

一次，他想搞明白鸡如何孵蛋，就蹲在鸡窝里，屁股下放了好多鸡蛋孵小鸡。父母看了以后，哭笑不得。还有一次，他想：人为什么不能飞呢？于是，为了让小伙伴飞上天空去。他找来一种药粉。结果，小伙伴差点儿丧命，爱迪生也被父亲狠揍了一顿。

8 岁了，父母以为从此以后他能安安分分上学了。谁知，他仍然爱追根问底，经常把教师问得目瞪口呆，窘迫不堪。他认为爱迪生是个捣蛋鬼。三个月后，爱迪生被老师赶回家了。

只上了三个月的学，就能成为伟大的发明家，可见兴趣是他最好的老师！

爱迪生的母亲没有责怪他，她发现爱迪生对物理、化学特别感兴趣，就给他买了有关物理、化学实验的书。爱迪生照着书本，独自做起实验来。

长大了的爱迪生，学会了无线电收发报技术。他白天钻研发明创造，设计了一个电报机自动按时拍发讯号，这就是电报机的雏形。他又对电报机进行了改进，一架新式的发报机试制成功了。

应该说，爱迪生的每一项发明都是和他的兴趣紧紧相连的。在他发明了电报之后，又开始搞电话实验。由此，一个"会说话的机器"做成了。人们听到这个消息，都纷纷前来观看，并称他为"最伟大的发明家"。所以，兴趣是一个人取得成功、展示智慧的先决条件。

古人亦云："知之者不如好之者，好知者不如乐之者。"兴趣对学习有着神奇的驱动作用，能变无效为有效，化低效为高效。

# 做自己感兴趣的事情

在姚明小的时候，姚明的父母并没有刻意鼓励他把篮球当作自己将来的事业，他们只是让姚明做自己喜欢的事情。他们希望小姚明和普通的孩子一样读书、上大学、找工作，然后找到自己的生活方式。但姚明最终还是选择了篮球。后来他发现自己真的非常热爱篮球。

其实刚开始姚明并不喜欢篮球，对当年的他来说，篮球只不过是一种游戏。姚明的父亲姚志源说，小时候的姚明和其他男孩子一样，喜欢枪，后来爱看书，尤其爱看地理方面的书。有一段时间还对考古产生了兴趣；再往后，喜欢做航模，他第一次在体工队拿了工资，就去买了航模回来自己做；再后来，他就喜欢打游戏机了。

在学习上，姚明的父母从来不逼迫姚明，而是以启发施展为主，重视培养他的兴趣。这种方式让姚明享受到了学习的乐趣。长大之后，每当有人问起他的童年，他都会说："我是玩过来的，没人逼迫我学习。"其实，他所谓的玩就是读自己喜欢的书，研究所有自己好奇的东西。由于乐在其中，就好像在玩一样。

中国父母都命令孩子放学后学这学那——音乐、绘画、跳舞。孩子们没有选择的自由，父母说了算。姚明的母亲从不强迫姚明做此类的事，她让姚明尝试做自己喜欢的任何事。她只要求姚明不要做坏事，或者用错误的方式做事。姚明直到 9 岁的时候，才开始对篮球有点儿兴趣。到 12 岁时，他已经非常喜欢篮球这项运动了。父母把他送到上海体育学院，他在那儿每天都要打几个小时的篮球。由于姚明住校，离家的路途比较遥远，这使得他有更多的时间打篮球，他对篮球越发专注了。

姚明最喜欢的球员有3个，他们是阿瑞维达司·萨博尼斯、哈基姆·奥拉朱旺和查尔斯·巴克利，姚明还坦言他曾用"萨博尼斯"作为网名。在姚明心目中，萨博尼斯是篮球中锋技术的教科书，"简直拥有了所有位置球员该有的技术"。萨博尼斯是姚明刚开始打球时的偶像。姚明喜欢萨博尼斯打球的方式——娴熟的运球，用不可思议的方式把球传给空位的队友，精准的中远距离投篮。每当他在场上时，他都会效仿他的偶像打球的方式。后来姚明很关注当时的休斯敦火箭。这支球队以另一个敏捷的大个子哈基姆·奥拉朱旺为首，1994年和1995年连续两年赢得NBA的总冠军。姚明迷上了这支球队，也非常崇拜奥拉朱旺。这些都使姚明对篮球更感兴趣，也使他打球的动力更足。

可见，兴趣对一个人的个性形成和发展、对一个人的生活和活动有巨大的作用。

兴趣是指个体以特定的事物、活动及人为对象，所产生的积极的和带有倾向性、选择性的态度和情绪。每个人都会对他感兴趣的事物给予优先注意和积极的探索，并表现出心驰神往。例如，姚明对篮球产生了强烈的兴趣，所以才会关注篮球，才会为篮球倾注热情、付出努力；还比如有的人对美术感兴趣，他就会对各种油画、美展、摄影都会认真观赏、评点，对好的作品进行收藏、模仿。

兴趣不只是对事物表面的关心，任何一种兴趣都是由于获得这方面的知识或参与这种活动而使人体验到情绪上的满足而产生的。例如，一个人对跳舞感兴趣，他就会主动地、积极地寻找机会去参加，并且在跳舞时感到愉悦和放松，表现出积极的态度。

具体来说，兴趣对一个人的作用表现在以下几个方面：

☆首先，对未来活动的准备作用

例如，对于一名学生来说，对化学感兴趣，就可能激励他积累各种化学知识，研究各种化学现象，为将来研究和从事化学方面的工作打基础，做准备。

☆其次，对正在进行的活动起推动作用

兴趣是一种具有浓厚情感的志趣活动，它可以使人集中精力去获得知识，并创造性地完成当前的活动。美国著名华人学者丁肇中教授就曾经深有感触地说："任何科学研究，最重要的是要看对自己所从事的工作有没有兴趣，换句话说，也就是有没有事业心，这不能有任何强迫。比如搞物理实验，因为我有兴趣，我可以两天两夜，甚至三天三夜在实验室里，守在仪器旁，我急切地希望发现我所要探索的东西。"正是兴趣和事业心推动了丁教授的科研工作，并使他获得巨大的成功。

☆最后，对活动的创造性态度的促进作用

兴趣会促使人深入钻研、创造性地工作和学习。就中学生来说，对一门课程感兴趣，会促使他刻苦钻研，并且进行创造性的思维，不仅会使他的学习成绩大大提高，而且会大大地改善学习方法，提高学习效率。

所以，人的兴趣是在学习、活动中发生和发展起来的，而且是认识和从事活动的巨大动力。姚明因为对篮球的兴趣而成为伟大的球星，我们也可以因为兴趣而成就自己的未来。对自己喜欢的事物兴趣盎然，让生命铸就快乐的篇章吧！